口絵 0·1 有人潜水調査船「しんかい 6500」
3人乗りで水深6500mまで潜航できる。

口絵 1・1・3 背と腹を逆さにして泳ぐ、シダアンコウの一種（水深 5380 m）
© JAMSTEC

口絵 1・1・4
水深 9100 mの超深海底帯に密集するヨミチヒロウミユリ
© JAMSTEC

口絵 1・1・1

深海の格闘

サメハダホウズキイカの一種がウミシダ類に襲いかかり、サメハダホウズキイカの一種にホラアナゴの一種が襲いかかる。

© JAMSTEC

口絵 1・1・5 **世界で最も深い場所にいる魚類、シンカイクサウオの一種**

マリアナ海溝水深 8178 mで撮影。

©JAMSTEC/NHK/Marianas Trench Marine National Monument U.S. Fish and Wildlife Service.

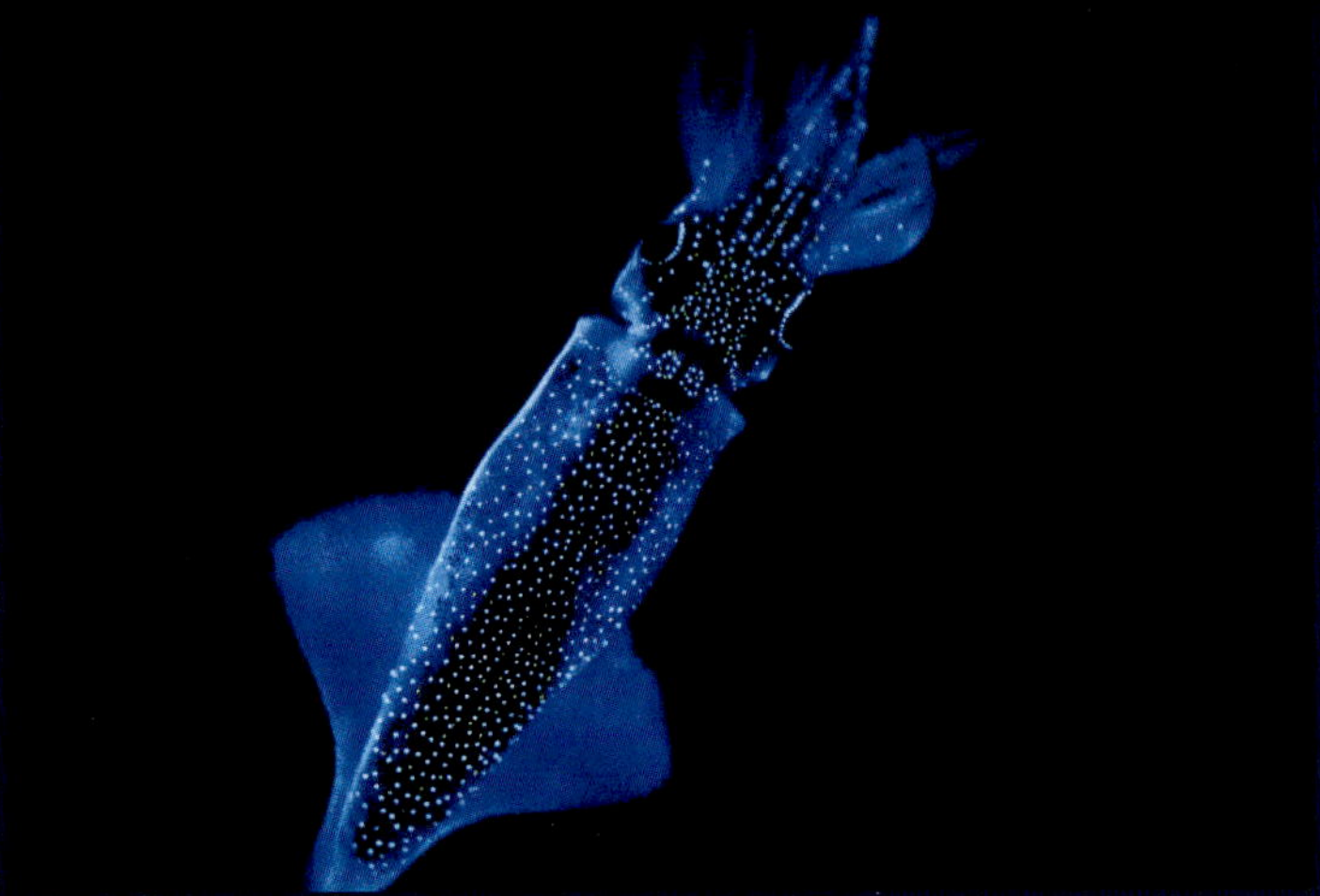

口絵 1・1・2　発光生物のホタルイカ
Ⓒ NHK

口絵 1・2・1　熱水噴出孔につくられる生物群集
白いユノハナガニや茶黒色のシチヨウシンカイヒバリガイがいる。
Ⓒ JAMSTEC

口絵 1･2･2 **湧水域の生物群集**
白いのがシマイシロウリガイやシロウリガイで、茶色がシンカイヒバリガイ類。
© JAMSTEC

口絵 1･4･1 **南アフリカに産する 35 億年前のコマチアイト**
表面の赤茶色の線はマグマが海中で冷却・固化する時にかんらん石が板状に結晶化したもの。現在は風化により赤茶色に変色しているが、当時は緑黒色であったと考えられる。（写真提供：東京大学・小宮剛）

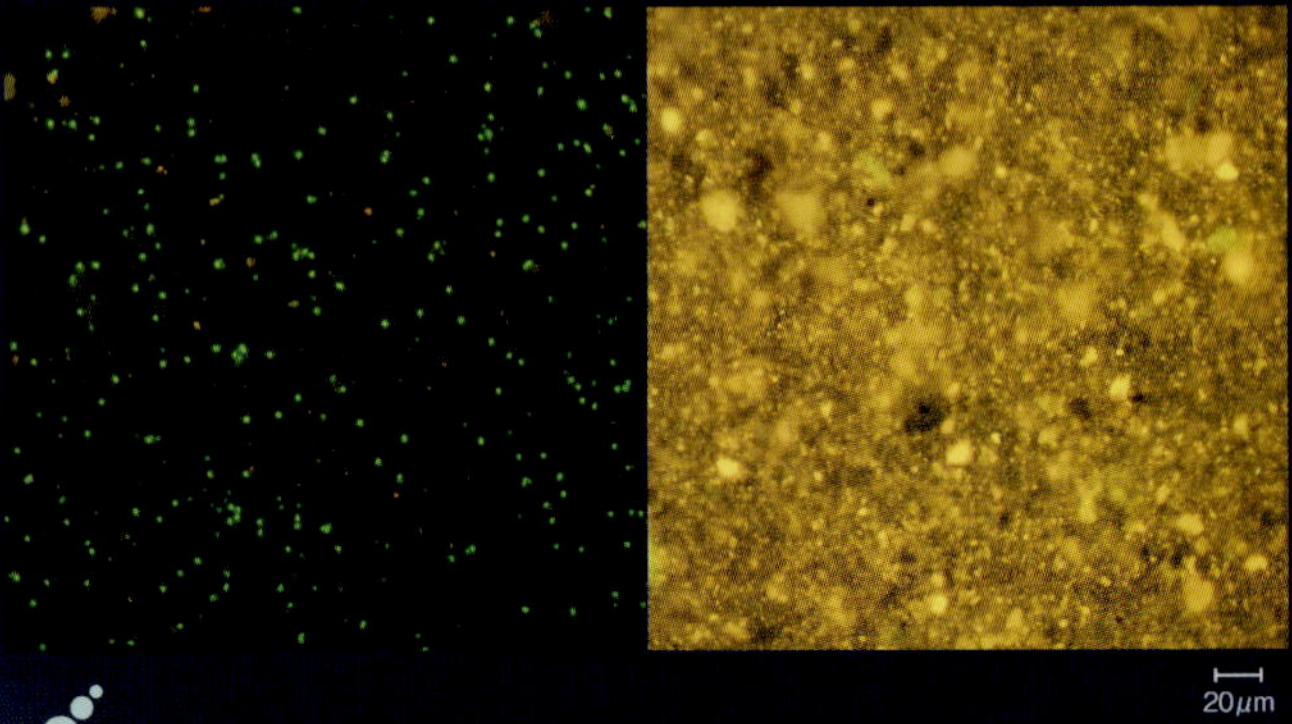

口絵 1・5・1 **海底下微生物細胞の観察**
細胞の中に入っているDNAと結合して蛍光を発する試薬で染色すると、まるで星空のような光景が広がる（左）。しかし、塵や小さな石のかけらなど、細胞以外の粒子が多くなってくると細胞を探すことは著しく困難になる（右）。© JAMSTEC

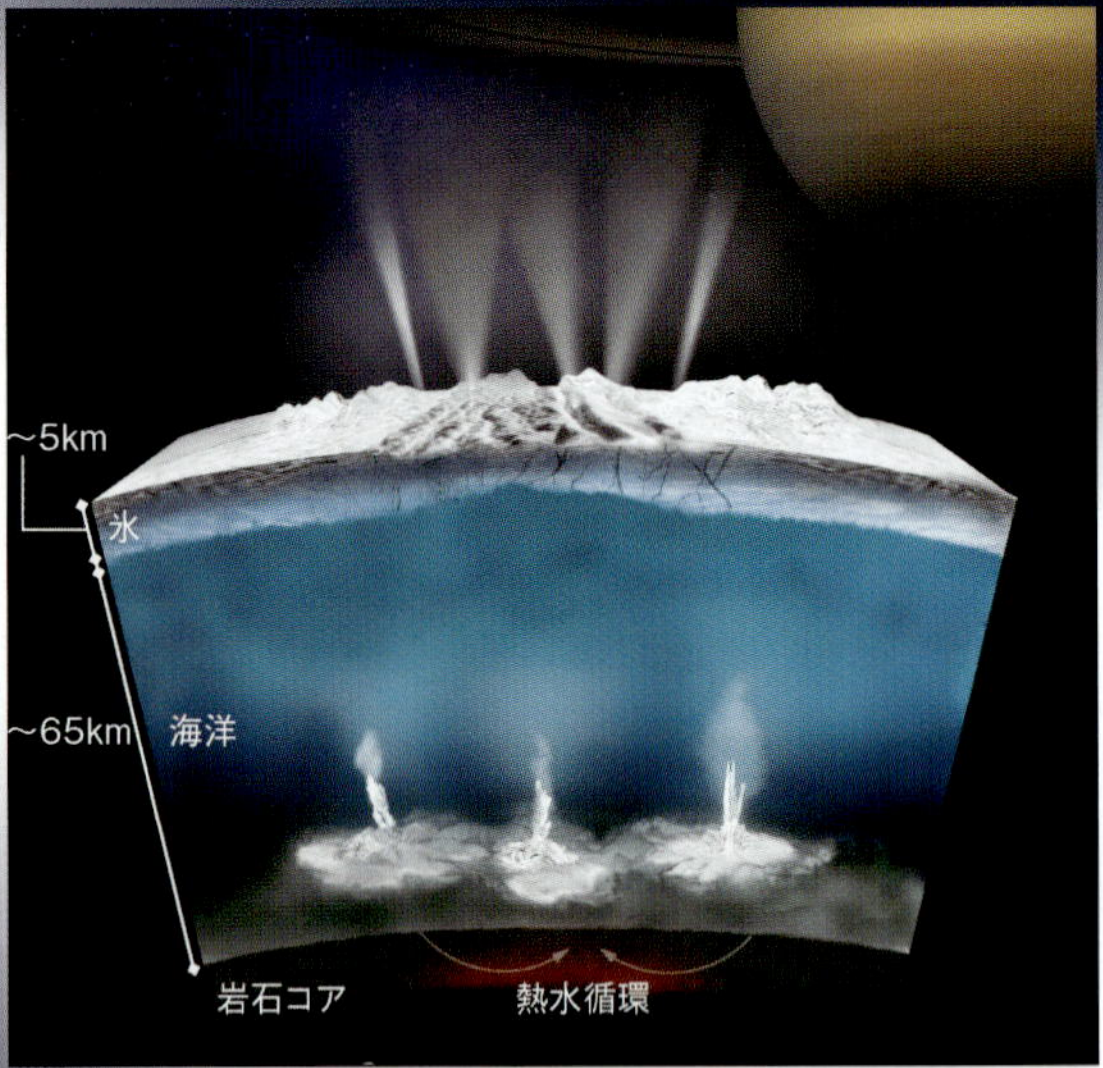

口絵 1・4・2 **エンセラダス内部の予想図**
地下海の海底では90℃以上の熱水活動が起きており、岩石コアから内部海に生命が利用できる化学エネルギーが供給されている。（画像提供：NASA/JPL-Caltech/Southwest Research institute を改変）

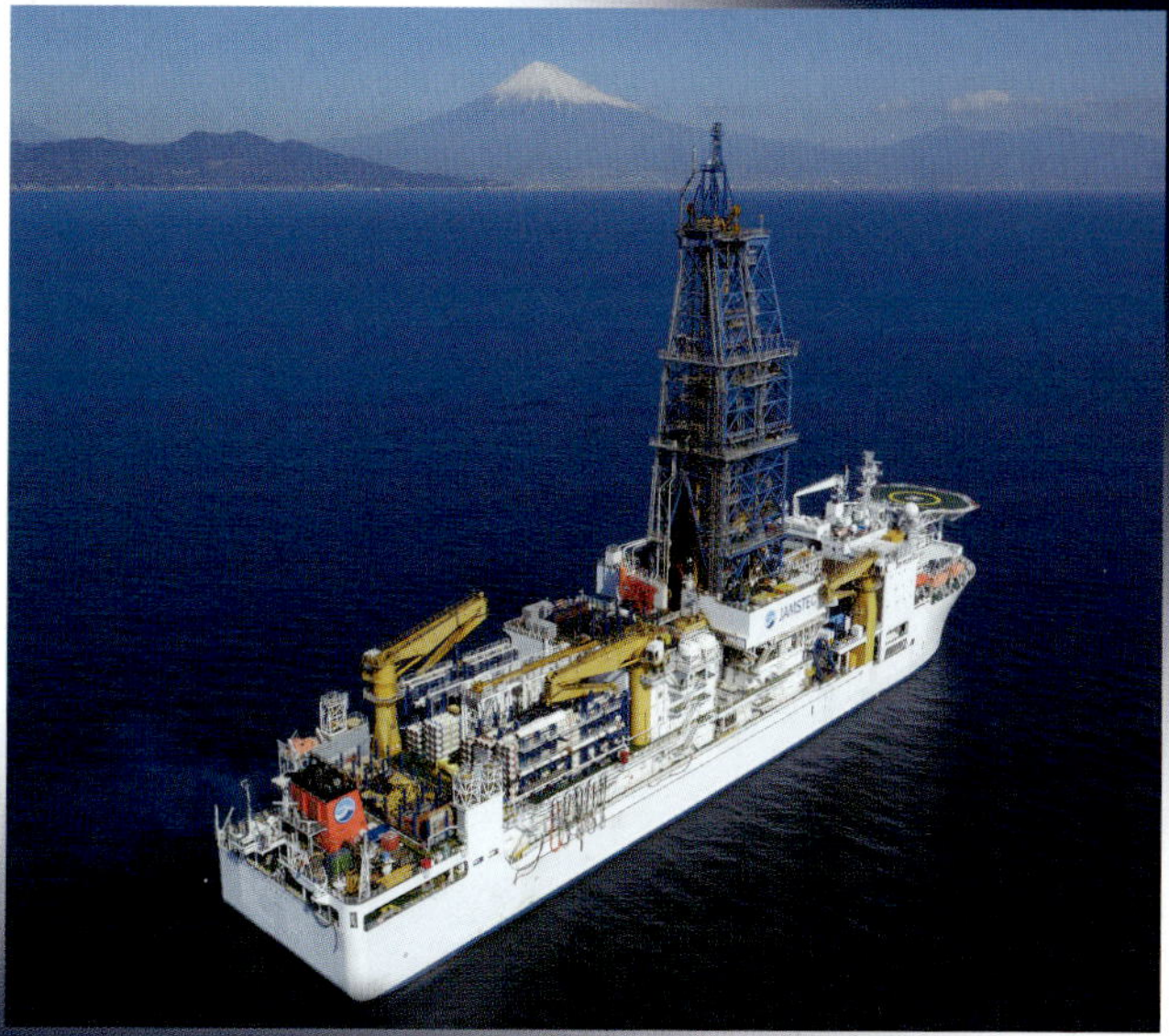

口絵 0・2　地球深部探査船「ちきゅう」

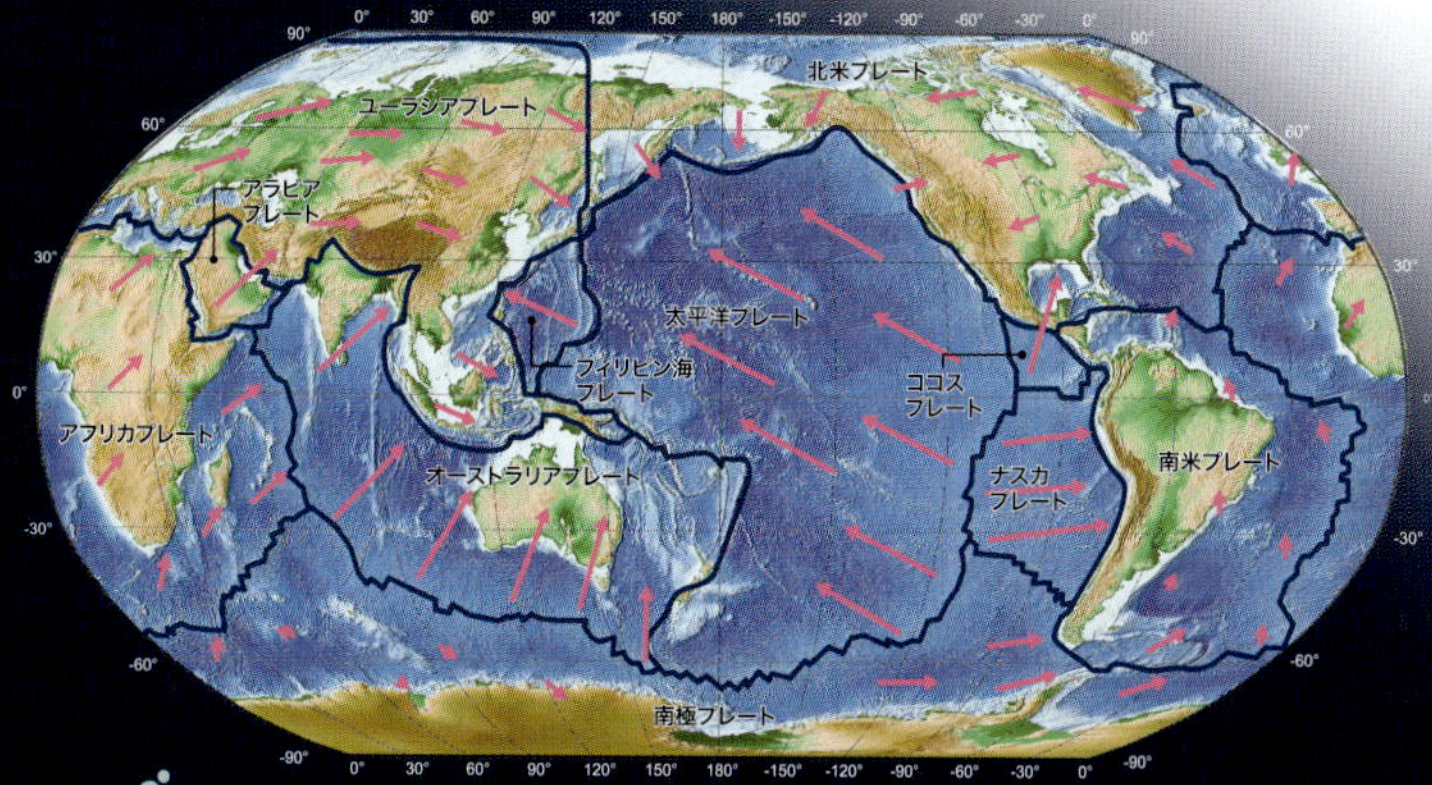

口絵 2・1・1　プレートテクトニクスに基づく
地球表面を覆うプレートの運動方向

青い太線はプレートの境界を、赤い矢印はプレートが動く方向を示している。矢印の長さは動く速度と比例している。© JAMSTEC

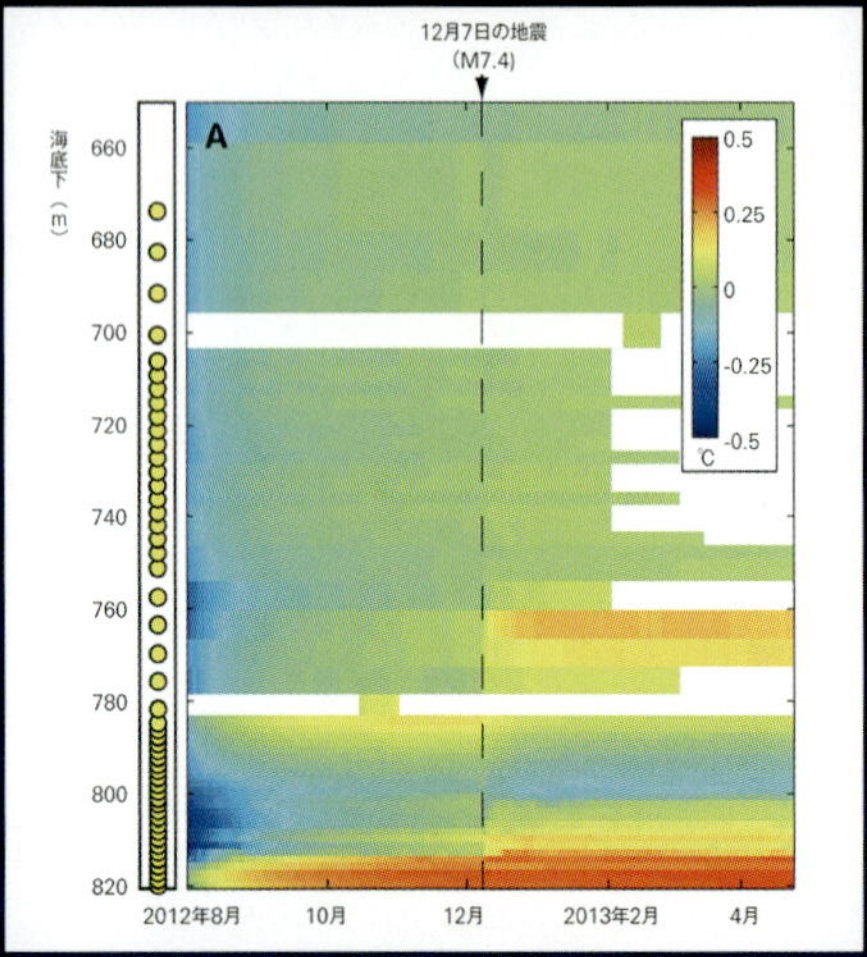

口絵 2・4・1 東北地方太平洋沖地震の地震断層掘削JFASTによる海底下の温度計測

海底下660〜820m付近の温度を、2012年8月〜2013年4月まで計測した。プレート境界断層がある820m付近は、周囲と比べて最大0.31℃高くなっている。

Ⓒ JAMSTEC/IODP

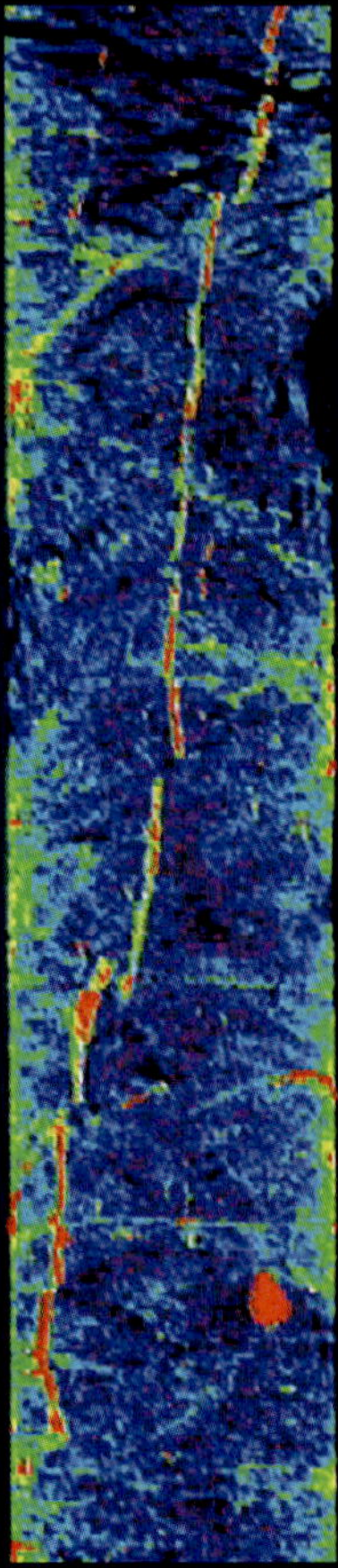

口絵 2・5・1

南海トラフ地震発生帯の海底下の浅い部分の堆積物をX線CTスキャナーによって可視化

Ⓒ JAMSTEC/IODP

口絵 3・5・1 深海底にあるビニールシート

イソギンチャク類、オオグチボヤなどが付着基質としている。日本海、水深908m。Ⓒ JAMSTEC

深海——極限の世界

生命と地球の謎に迫る

藤倉克則
木村純一　編著
海洋研究開発機構　協力

ブルーバックス

装幀／芦澤泰偉・児崎雅淑
カバーイラスト／大高郁子
本文デザイン／齋藤ひさの（STUDIO BEAT）

はじめに

２０１３年と２０１７年、私たちは国立科学博物館、ＮＨＫ、ＮＨＫプロモーション、読売新聞社と共に国立科学博物館において、深海をテーマにした特別展を開催しました。いずれも約３ヵ月間に来館者は60万人を突破し、一日の平均来館者数は記録を取りだしてから歴代１、２位という記録的な特別展となりました。

２０１３年の特別展で私たちが送ったメッセージは、「深海は未知の世界。調査するのは大変だけど、こんなに不思議な生物もいて、すごい地球の動きがわかってきました」というものでした。２０１７年では「地球・生命・環境を理解するためには深海の研究が必要不可欠です。地球と共存するため、私たちは何をすべきでしょうか」というものでした。そこでは、深海の地質から始まり、東北地方太平洋沖地震や大津波のような深海で発生する災害、有用な海底資源、深海の発光生物や巨大生物のみならず生命起源や地球外生命、地球温暖化の影響など、幅広い内容を展示しました。

地球の表面積の7割を占める海は、私たち人類にとって欠くことのできない存在です。日本は、領海と排他的経済水域を合わせると、世界第6位の海の面積を持つ有数の海洋国です。私たちの食卓には海産物があふれ、穏やかな沿海は観光資源や豊かな文化を支えています。特別展に多数の来場者が来てくださったということは、私たち深海の調査研究にたずさわるものに向けて、浅海のみならず深海のさまざまな現象をもっと知りたいというメッセージと受け止めました。

そこで、特別展で紹介したトピックをさらに深く掘り下げ、深海を研究しなければわからないこと、そして、それは地球のしくみや生命のたくましさの理解、これからの人類の存続にも関わるということを知っていただきたく、再び有志が集結し本書を執筆しました。

本書は、科学・技術的な内容が、すこし硬い書きぶりで語られたり、あるいは深海を探る科学者や技術者の情熱が垣間見られる物語が語られたりと、さまざまな切り口で深海の研究に挑む様子が書かれております。興味ある章から読み始めていただいてよいように書いたつもりですが、願わくは、「気がついたらすべてを読み通していた」というふうになれば幸いと思います。

本書を手にとり、一読いただいた皆様が、深海に隠された深遠な姿を垣間見て、人類がこれから探ってゆかなくてはならないその神秘と魅力を感じ、そして共に探索に歩み出したり、応援していただく機会となれば、それは著者らの無上の喜びであり、本書の目的を達したことになると思っております。それでは、これからしばし、深海研究最前線ツアーに参ることにいたしましょう。

海洋研究開発機構（JAMSTEC）
藤倉克則
木村純一

深海——極限の世界——もくじ

第2章 深海と地震 109

序章

深海の入り口

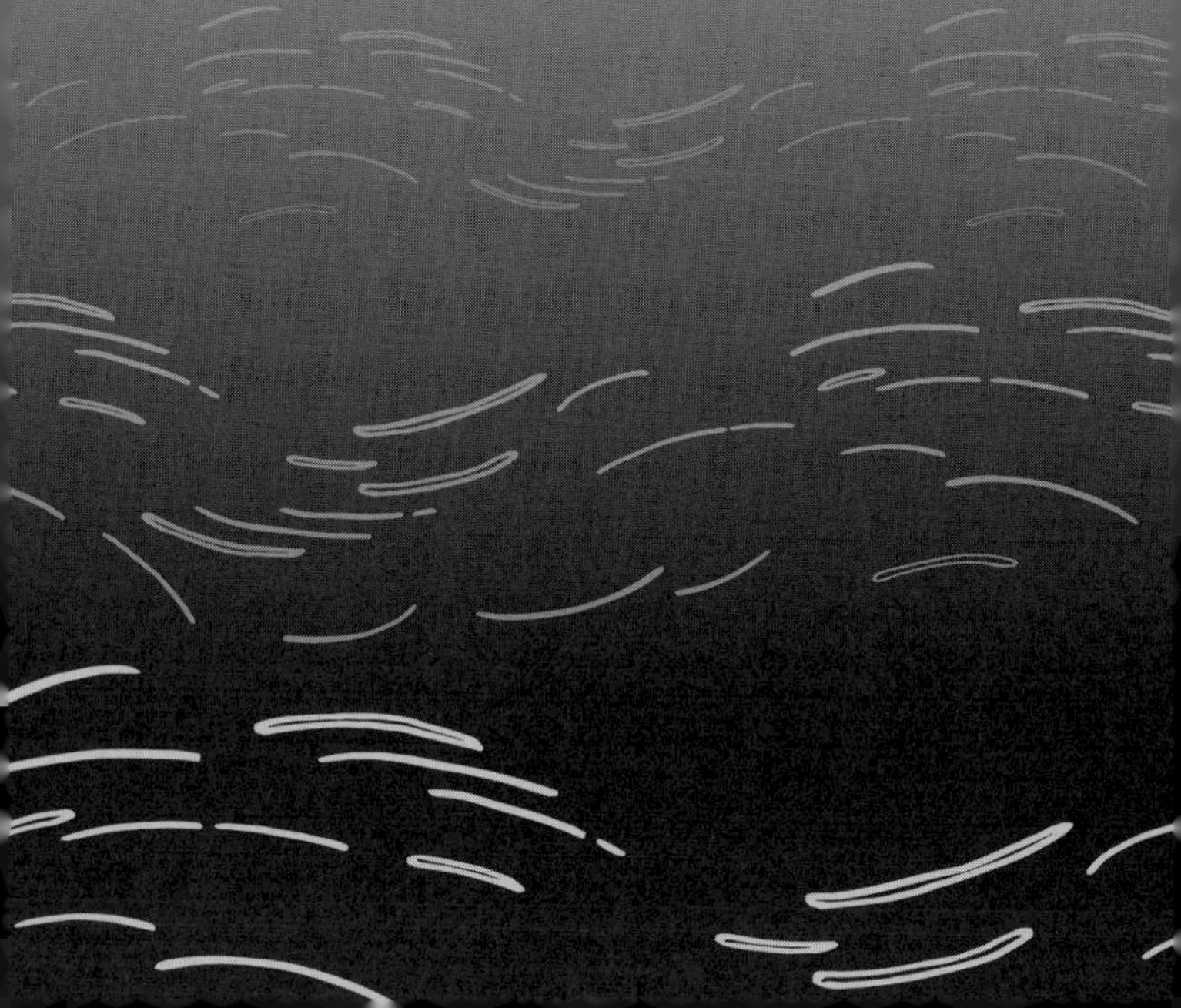

深海の地形と水柱の区分

海洋は、その特徴ある地形からいくつかの深度に区分されています。大陸の沿岸から水深200mまでは沿岸底域とよばれ、水深200mほどの深さの、大陸棚とよばれる比較的広い平らな海底が、大陸を取り囲むように世界的に存在しています（図0・1）。大陸棚から水深2000mまでは比較的急峻《きゅうしゅん》な斜面があり、漸《ぜん》深海底帯とよばれています。さらに水深6000mまでを深海底帯とよび、世界中の海洋底に広がる海底面のほとんどがこの深度にあります。さらに水深6000mより深い領域を超深海底帯とよんでいます。このような地形区分がありますが、海洋生物学では水深200mよりも深い海を深海とよんでいます。

この海底と同様、海をみたす海水（水柱）域もまた水深によって区分されています。両者の水深区分は中間水深で異なっていて、水深200mまでを表層、200〜1000mを中層、1000〜3000mを漸深層、3000〜6000mを深層、6000m以深を超深層とよんでいます（図0・1）。近年さまざまに産業利用される海洋深層水は、水深200mより深い海水のすべてをさし、その量は海水の約95%を占めています。

太陽の光は紫外線から可視光さらに赤外線にいたる300〜800nm（ナノメートル：10^{-9}m）の波長の光が混じっています。水はとりわけ赤色（760nm）領域にやや強い吸収帯、赤橙色

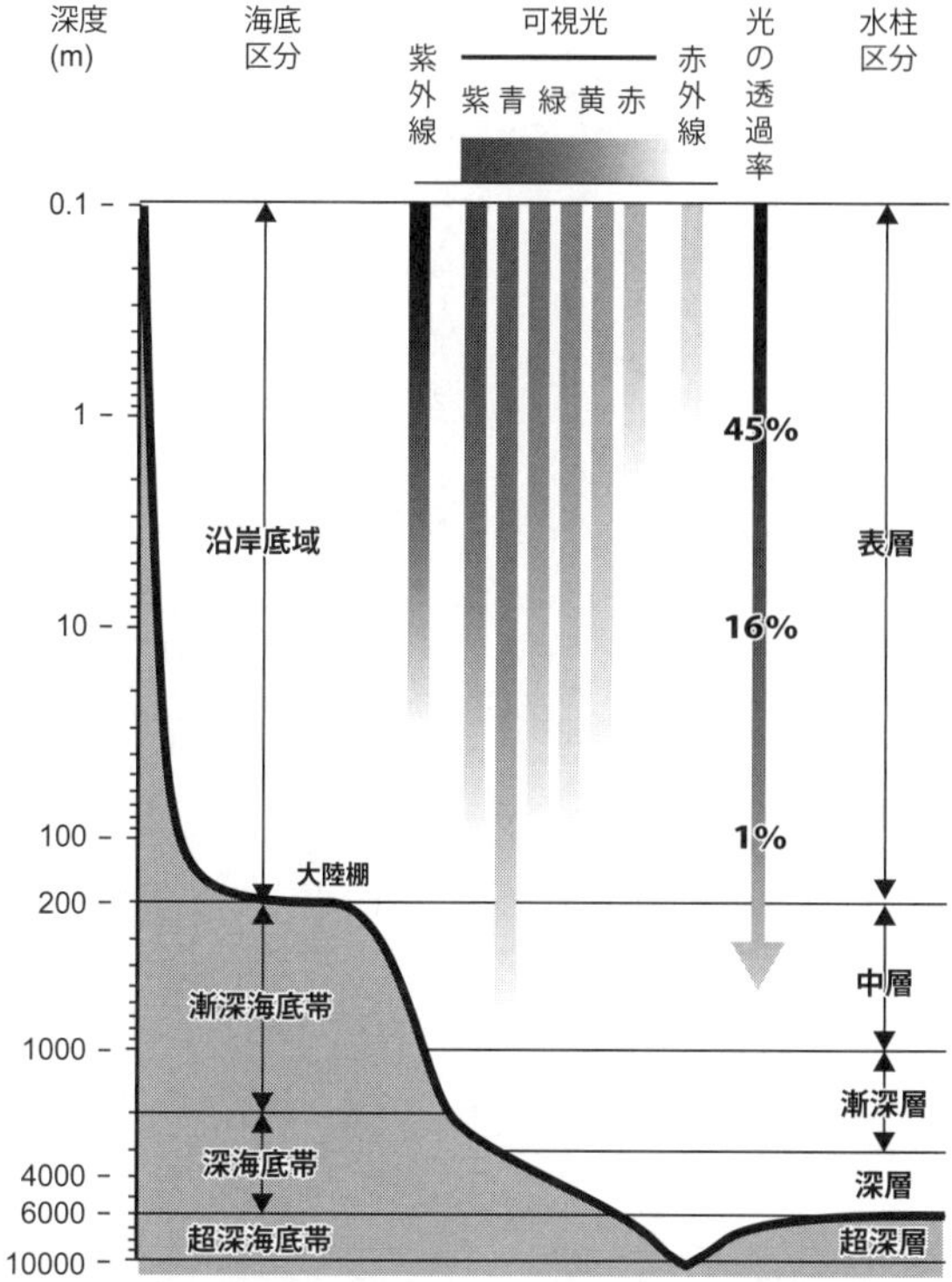

図0・1　深海の地形・水柱の区分、および光の到達深度

（605nm）、橙色（600nm）領域に弱い吸収帯があるため、赤っぽい光は水深3mまでにその大半が吸収され、それより深くには届きません。短い波長の光も水深200mまでに吸収されてほとんど人間の目で見えなくなりますが、唯一450nm前後の青色領域の光のみ水深1000m付近の中層まで達しています（図0・1）。水深およそ1000mより深い海は暗黒の世界で、自ら光を発する生物（発光生物）以外に光を見ることはありません。

深海では光が届かなくなるとともに、水圧が上昇します。水圧は海水の密度を1・03g／㎤とした場合の単純計算で、超深海の入り口水深6000mでは、わずか1㎠に618kgの圧力がかかることになります。

深海についての私たちの知識と理解は陸域に比較して著しく不足しています。これは大量の海水と高圧下にある深海の調査には、それに耐える「しんかい6500」のような有人潜水調査船（口絵0・1）・無人探査機（ロボット）や調査機器が必要で、さらに地震や津波などを引き起こす深海の海底下で起こる地殻変動の調査には、さまざまな地下探査技術や海洋掘削技術が不可欠だからです。

人から見たら極限にある環境の深海。これから第1章から第3章にわたって、深海研究の実際とその成果のいくつかについて述べることにします。いずれも、調査船に乗船し、現場でサンプルやデータをとり、頭を悩ませながら分析している研究者や技術者の視点から書かれていますので、いわば「現場の最前線レポート」的にご覧いただけると思います。

なぜ今深海研究なのか

第1章は「深海と生命」です。ダイオウイカやリュウグウノツカイが撮影されたり定置網で捕獲されたりするとメディアをにぎわしてきました。水族館でも、深海生物を展示する水槽が普通になってきました。深海生物を扱う本やテレビ番組も増えました。着実に深海生物ファンが増えてきているのでしょう。ですが、実際に深海に行って直接深海生物を見ることができる人は限られています。そこで、まず、皆さんといっしょに「しんかい6500」に乗って深海に行ったつもりで、深海で生物が生きているしくみやユニークな生態を紹介します。

近代的な深海生物研究は、1872年のイギリスのチャレンジャー号による調査航海から始まったと言われています。以降、さまざまな発見がもたらされてきたのですが、なかでも1970年代から次々に発見された化学合成生態系は、これまでの深海生物研究の歴史の中で最大の発見といえるのではないでしょうか。地球の生態系は、太陽光がエネルギー源となり、植物の光合成で支えられています。ところが、化学合成生態系は、地球内部から湧き出す化学物質をエネルギー源として、微生物が化学合成をして基盤を支える生態系で、光合成の生態系とは別の生態系です。化学合成生態系が存在する場所は、たとえば海底から300℃を超えるような熱水が噴き出す熱水噴出孔です。周りには、深海にもかかわらず生物のパラダイスがあります。そればかりではなく、この生態系はプレートテクトニクスで説明されるダイナミックな地球の動きに連動しています。海底の海洋プレートは常に新しく生み出され、やがて地球の内部に沈み込んでいきます。化学合成生態系は、主に海洋プレートが生み出されるところや、沈み込むところにあります。第1章では、このような化学合成生態系の地学的な背景と、生態系のしくみ、そしてユニークな生命の営みも解説します。

そして、深海の化学合成生態系研究は、とてつもない壮大な科学テーマに展開してきています。それは、全人類が知りたいと思っているといっても過言ではない生命起源と地球外生命です。地球の生命はどこでどのようにして生まれたのか、ほかの惑星に生命はいるのか、わくわくする謎です。生命が生み出される条件を考えながら、今の地球にその条件をあてはめると、化学合成生態系がつくられる場所の一つ、熱水噴出孔に行き着くのではないかという説があります。また、熱水噴出孔や水、そして特定の化学物質があれば生命は存在できるので、他の惑星にも生命が存在してもおかしくはないと考えられます。ひと昔前は、生命起源や地球外生命というのは、夢の話のように思われていたのですが、深海研究で得られた知識を発展させることによって、科学的に説明できそうです。

研究者の情熱は、深海よりさらに深い場所にも届いています。海底表面から数m下くらいまでは、穴を掘って棲《す》む生物や微生物が侵入していてもおかしくはないと想像できます。ところが、生命のたくましさは私たちの想像をはるかに超えていました。今や海底下2・5㎞にまで微生物が存在していることがわかってきました。私たちから見れば深海でも厳しい環境なのですが、さらにさらに厳しい環境に生命は存在しているのです。彼らがいかにすごい機能を持ち厳しい環境で生きられているのか、そしてそれを調査・研究するにはどれほど手間がかかるのかをご覧いただけると思います。なかには約1億年前の地層に生息する微生物も……。

第2章は「深海と地震」です。2011年3月11日に発生した東北地方太平洋沖地震に対して、深海研究がどのように立ち向かったのかを中心に説明します。巨大地震は、チリ、アラスカ、スマトラなどでも発生しています。これらの巨大地震と東北地方太平洋沖地震は何が違うのでしょうか。それは、日本で起きたということだと思います。すなわち、巨大地震で何が起きたのか、そしてどのようにして起きたのか、という詳しい発生メカニズムにせまる知恵と技術を備えている日本で起きたということだと思います。そのために、日本のみならず世界の研究者や技術者が集結して、いかに困難な調査にのぞんだのかを本章では克明に記述します。

もちろん、地震について理解するために不可欠な背景となるプレートテクトニクスについて解説し、それをふまえた上で東北地方太平洋沖地震の発生メカニズムの理解が深まるようにしました。海底が地震によって一瞬で50mも動くなんて誰が想像するでしょうか。なぜあれほど巨大な津波が生じたのでしょうか。その謎を解き明かすべく、地震を起こした断層からサンプルを得るために、地球深部探査船「ちきゅう」（口絵0・2）で水深7000mの海底からさらに海底下1000mを掘削するという前代未聞のオペレーションを成し遂げた様子などを示しました。

日本では、今後も巨大地震が発生するでしょう。そのために科学技術は、どのような取り組みをしているのか、第2章ではその一部も述べています。そして、東北地方太平洋沖地震を通じて、貴重な科学的知見を得て、それをレガシーとして今後の地震研究に活かそうとしているのかを示します。

第3章は「人類と深海」です。深海は、人々からは遠い存在です。そのため、多くの人は、そこから何を得ているのか、得ようとしているのか、逆に何か影響を及ぼしているのかといったことを意識しにくいと思います。ですが、世界の沖合漁業の操業水深は年々深くなってきており、今や平均水深は500mを超えています。私たちは無意識のうちに多くの深海生物を食べていることになります。

原油も深海からたくさん産出されています。メキシコ湾、ブラジル沖などの海底油田が有名です。今や、水深2000mの場所からさらに海底下3000mの場所で原油を得ようとしています。原油が海に流出する事故も起き、そのたびに深刻な環境汚染をもたらすことは、私たちの記憶にも新しいところです。また、日本近海でも、次のエネルギー資源としてメタンハイドレートが注目されています。さらに、深海の鉱物資源として、海底熱水鉱床、マンガンクラスト、マンガンノジュール、レアアース泥の開発も計画されています。このように、私たちは深海の資源を活用したり、活用しようとしています。

一方、地球温暖化も深海に影響を及ぼしつつあります。海水中の二酸化炭素の濃度が上昇することで海水の酸性化を促し、それが深海生態系にもせまりつつあります。また、私たちが人工的に作り出した物質が、深海にも到達し深海生物に影響を及ぼしつつあることも認識すべき現象です。東北地方太平洋沖地震の津波が、大量の瓦礫《がれき》を深海底にまでもたらしたこと、そして最近大きな警鐘が鳴らされている海洋プラスチック問題も深海に無縁とはいえません。

第3章では、私たちがいかに深海からの恩恵を受けているか、受けようとしているかを述べるとともに、深海生態系の保全についての取り組みを紹介します。そして、深海の保全と開発のバランスをどのようにとるのかを考えたいと思います。この第3章のタイトルだけ「深海」を後ろに持ってきました。そこに私たちの思いが込められていることを推察していただければ幸いです。

第1章

深海と生命

1・1　潜水調査船で深海生態系を観る

深海は広大な生物圏

世界でもっとも深いマリアナ海溝水深約1万900mにも、カイコウオオソコエビ、ナマコ類、有孔虫《ゆうこうちゅう》などがいます。地球表面の7割は海、水深200mより深い海が深海、そして海の平均水深は約3800mです。つまり、深海は、地球上で生物が生息する広大な「生物圏」で、そこに棲む生物の生きざまを知れば、地球の生物の全体像を理解できるといっても過言ではありません。しかし、今日の科学技術をもってしても、深海生物についての科学データは、陸域や浅海に比べ驚くほど少ないのです。たとえば、海全体で「どこにどのような生物が棲んでいるか？」といった基本的なデータを「全水深帯」「水深0～200m」（沿岸底域・表層）「6000mより深部」（超深海底帯・超深層）で比べると、6000m以深の情報はほとんどありません（図1・1・1）。6000mより深い場所は少ないため、地図上では限られた場所にしか点が打てないということを差し引いても、データは少ないのです。このような未知の領域は、人々の好奇

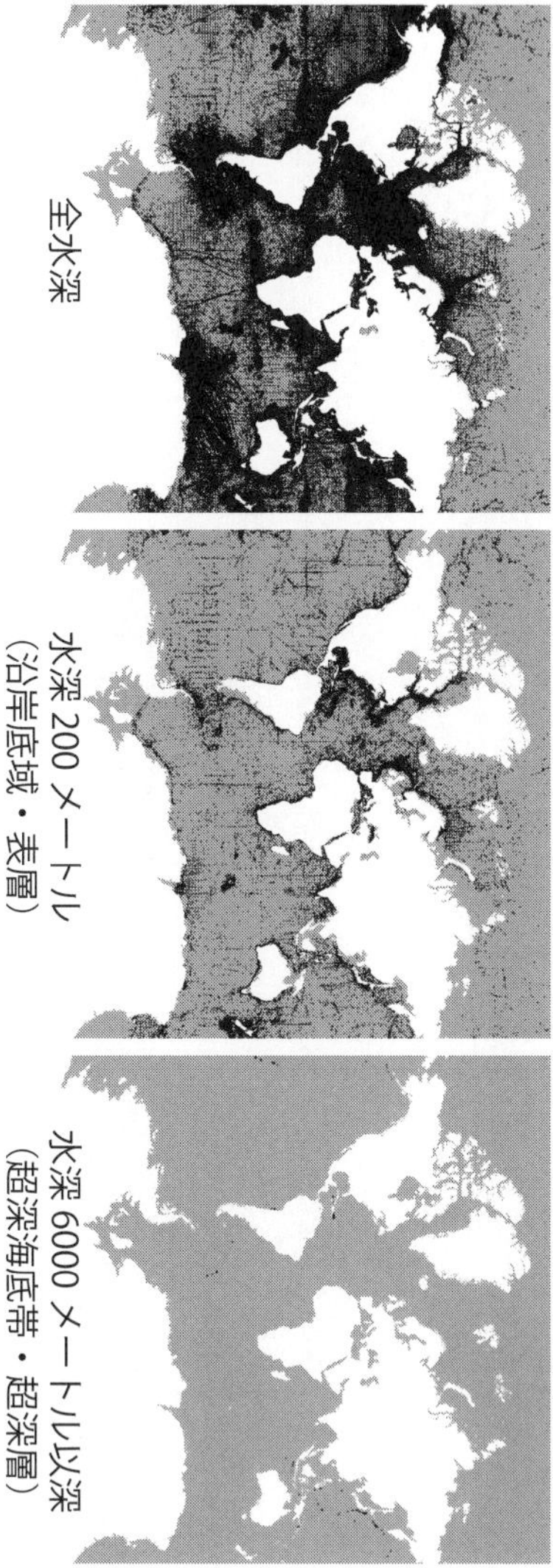

図1・1・1　海洋生物の分布データ
黒い場所には生物種の出現データが少なくとも一つはある。深海生物のデータは少ないことが明らかである。
全地球規模のデータベースOBISから山内 束が作成。©JAMSTEC

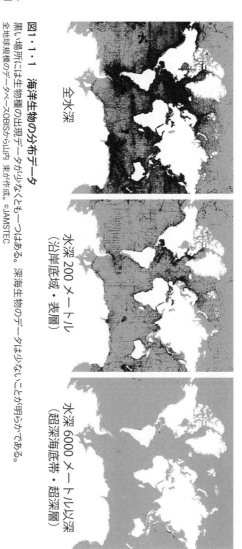

心をかき立て、それを知ろうとする研究者や技術者の研究・開発のモチベーションを高めます。そのために、有人潜水調査船や無人探査機（Remotely Operated Vehicle：ROV）が開発され、深海生態系の姿が少しずつ明らかになってきました。ここでは、有人潜水調査船「しんかい6500」で、東北沖の日本海溝を水深6300mまで潜航しながら、深海生態系を見てみましょう。

深海に潜る

8:00

8時00分

研究者1名とパイロット2名は、「しんかい6500」のチタン合金耐圧殻（直径2m）に覆われたコックピットに乗り込みます。パイロットはすぐに、さまざまな機器の作動チェックを行います。研究者は、その日の潜航目標を示した地図を見ながら（図1・1・2）、航走するルートと作業内容や作業予定を頭の中でシミュレーションします。自走する「しんかい6500」では、潜航中に常に自らの位置を把握しておかなくてはなりません。そのため、海上にいる支援母船「よこすか」は、「しんかい6500」の位置を常に追跡しています。水の中では電波は吸収

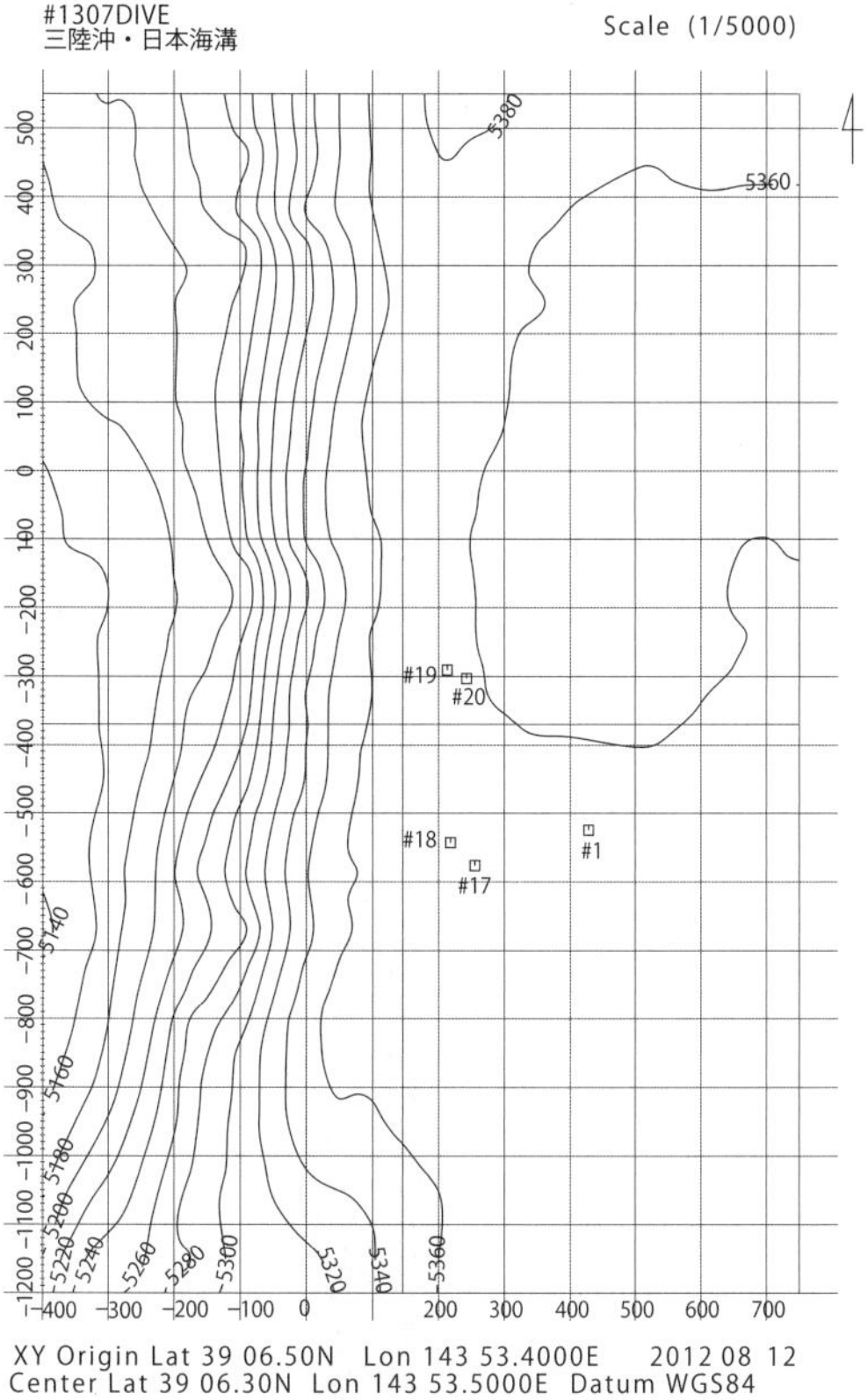

図1・1・2 「しんかい6500」で潜航するときに使う地図

#番号は、潜航の目標地点を示す。©JAMSTEC

されて届かないので、音波で位置を確認します。「よこすか」の位置はGPSで正確に計測されます。「しんかい6500」は数秒毎に音波を発信し、「よこすか」は、その音波が発信された角度と届くまでの時間から、「しんかい6500」の位置を決定します。地図には基準点が示され、X軸とY軸に等間隔で碁盤目の線が引かれています（図1・1・2）。「よこすか」は把握した「しんかい6500」の位置を、水中通話器で「現在の位置、基準点からX200m、Y100m」というように伝えます。これにより、パイロットと研究者は、正確な位置がわかります。

8:40

8時40分

「しんかい6500」は、「よこすか」後部にあるAの字型をしたクレーン（Aフレームクレーン）を使って海面に降ろされます。着水して窓から表層の水の中を見ると、多量にいる植物プランクトンで海水は薄く濁り光合成による生物生産が盛んなことがわかります。地球の生態系は、太陽光をエネルギーにして植物などが光合成をして一次生産者となり、それを草食動物が捕食し、さらにそれを肉食動物が捕食する「食物連鎖」が基本です。この連鎖は海でも陸でも変わりません。通常の深海生態系も、このシステムに組み込まれています（図1・1・3）。化学合成生態系とよばれるシステムは例外ですが、これについては次の1・2節で詳しく述べます。

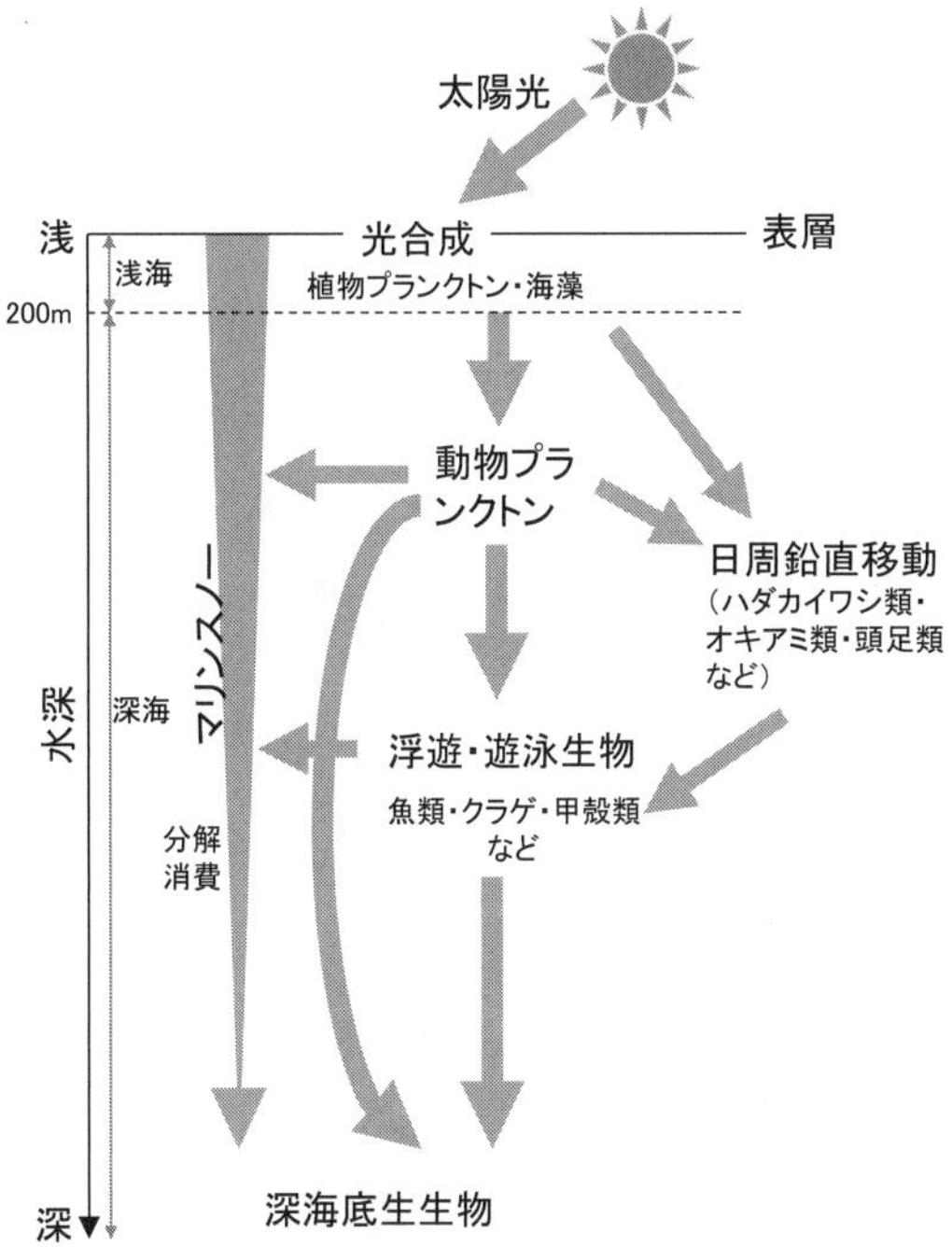

図1・1・3　浅海から深海にかけての、物質移動から見た生態系の概念　©JAMSTEC

9:00

9時00分

着水した「しんかい6500」は、タンクから空気を排出し、深海に向けて潜航が始まります。ときおり小魚の群れに遭遇します。植物プランクトンやそれを捕食する動物プランクトンを食べているのでしょう。浅海の食物連鎖と生物量が多いことが実感できます。

9:05

9時05分

水深200mに到達しました。この深度では、目をこらせばなんとか物体が見える程度の明るさです。光が少ないため光合成ができなくなる深度となり、海洋生物学ではここが浅海と深海の境界になります。潜水調査船が発するわずかな光を感知してか、スルメイカが近くまで泳いで来ては、スミを吐いて逃げ去ったりします。

水中には、植物プランクトンや動物プランクトンの死骸、生物の排泄物が凝縮し、埃《ほこり》のかたまりのようになって沈降する「マリンスノー」が見えます。このマリンスノーは、深海に降り注ぎ、深海生態系を支える食物となります。つまり、深海生物も光合成の恩恵を受けていることになります（図1・1・3）。マリンスノーの平均沈降速度は一日あたり68mですが、沈む途中で化学的に分解されたり、捕食生物に食べられたりしますので、深くなればなるほどマリンスノーの量は少なくなります。海面から深海への物質輸送を測る目安として、海水に含まれる炭素量が使われます。マリンスノーも、たくさんの炭素を含んでいます。どれくらいの炭素量が深海にもたらされるかは、海域によって違いますが、高緯度地域や深海から湧昇流がある場所で多い傾向があります。今回潜航する東北沖の太平洋では、表層における炭素の生産量は1年間で1㎡あたり約320g、水深200mの炭素の現存量は16g、水深1000mで7・7g、水深5000mで1・1gとなります。

マリンスノーのような密度の高い物質は、重力で深海に運ばれますが、この水深帯では、生物の移動によって物質が浅海から深海へ運ばれる現象も起こります。ハダカイワシ類などは、昼間は水深200mあたりにいて、夜になると表層まで上がってきてエサを食べ、朝に再び深海に戻るという日周鉛直移動を繰り返します。これらの生物の移動速度はマリンスノーの沈降速度より明らかに速く、重力にさからって物質を深海から表層に運ぶ役割があるとともに、すみやかに表層の物質を深海に運びます（図1・1・3）。このように、表層の生産物を深海に運ぶ生物の作用を、「生物ポンプ」とよびます。

深海へもたらされる物質は少なくなりますから、生物は生きるためのエサを確保するために格闘します。東北沖の水深９５０ｍでは、サメハダホウズキイカの一種がウミシダ類を引き抜こうとしていました。それを食べるためか、はたまた産卵場に適しているかどうかを確認しているのかわかりません。少ししてサメハダホウズキイカにホラアナゴの一種が襲いかかりました（口絵１・１・１参照）。そしてサメハダホウズキイカはどうなったか？　その格闘の様子はホームページ（http://www.godac.jamstec.go.jp/jedi/splibrary/j/SP_LIB22/TEAMS3C019C1HDF1017_02483800_02500600）で見てください。なんとか食べられずに逃げることができました。

9:23

9時23分

水深１０００ｍに到達しました。肉眼では何も見えないほど水中は真っ暗です。水中ライトをつけて観察すると、マリンスノーも心なしか少なくなっています。「しんかい６５００」は分速45ｍで潜航しますから、マリンスノーの沈降速度よりはるかに速く、観察窓から見えるマリンスノーは浮き上がるように見えます。マリンスノーが「しんかい６５００」にぶつかり崩れた時に、瞬間的に青白く光ります。これはマリンスノーにいる発光細菌が衝突の刺激で光るためです。このあたりでは、ハダカイワシ類、イカ類といった遊泳生物、クラゲ類、カイアシ類といった浮遊生物（プランクトン）がときおり出現します。これら生物のほとんどは自ら発光することが知られています。しかし、ライトを点灯しながらの観察では、その美しい生物発光を見ることはできません。

深海の暗闇では、発光は生存に有効です。発光の役割は、エサをおびき寄せるため、捕食者に襲われたときの威嚇、同種間のコミュニケーション、カウンターイルミネーションで姿を消して捕食者から見つかりにくくするため、と考えられています。水深１０００ｍくらいまでは、ごくわずかに太陽光が届くので、ハダカイワシ類などは、下方にいる捕食者から見ると、背中側から光を浴びて影をつくった状態になりますから、捕食者に見つかりやすくなります。そこで、背中に浴びる光と同じくらいの光を腹から発し、その姿を見えにくくするのが、カウンターイルミネーションです。カウンターイルミネーションは、ハダカイワシ類のほかに、フジクジラやホタルイカなど多くの中層性遊泳生物に見られる機能です（口絵１・１・２参照）。浅海にいるサンマなどは、背中側は青黒く、腹側は白くなっています。これは、背中側が青黒いと海鳥などの捕食者から見えにくくなり、腹側が白いと太陽光を浴びても下方にいる捕食者から見えにくくなるためです。これはカウンターシェーディングとよばれていますが、深海生物は同じような機能を発光することで獲得したのです。

２０１２年、ＮＨＫが世界で初めて小笠原周辺の水深６３０ｍで生きたダイオウイカの映像を撮影することに成功し、放映は大きな話題になりました。この放映を見た頭足類研究の第一人者である東京水産大学（現・東京海洋大学）の奥谷喬司名誉教授が、私にささやいた言葉が印象に残っています。「藤倉君、ダイオウイカって浅いところにもきっと分布しているんだよ。体色を見ると海面に向いている方を赤黒くして、海底に向けている方を白くしているでしょ。これはスルメイカのような浅いところにもいるイカと同じでカウンターシェーディングだよね」。つまり、ダイオウイカはある程度浅いところにも生息しているのですが、個体数が少ないので観察や採集が難しいのかもしれません。

ダイオウイカ、ダイオウホウズキイカ、タカアシガニ、ダイオウグソクムシ、有孔虫のゼノフィオフォアのように、深海種が近縁の浅海種に比べて巨大化する現象は、「深海巨大化：Deep-sea gigantism」とよばれています。浅海から水深5000mまでに棲む魚類について、水深と体重の関係を調べてみると、水深2500mあたりを境に、深い場所に生息する魚類ほど体重が重くなる傾向があります（Merrett・Haedrich 1997）。しかし、棘皮《きょくひ》動物や十脚甲殻類においては、水深の増加に伴ってサイズが大きくなる傾向は認められません。つまり、生物の系統の違いによって「深海巨大化」したりしなかったりするようです。巨大化した方が、①沈降速度が増加するので下降には有利となること、②外敵に襲われにくくなること、③産卵には大きなエネルギーが必要なのでメスは巨大化することなど、さまざまな説がありますが、詳しくはわかっていません。

「しんかい６５００」は、どんどん深度を増して潜航を続けます。東北沖ではないですが、深海魚シダアンコウの一種が、背と腹を逆さにして泳いでいます（口絵１・１・３参照）。頭から伸びている突起の先端を海底にたらしながら、海底付近にいるエサをおびき出しているのでしょうか。まもなく超深海に到達します。

11:10

11時10分

水深６０００mに到達しました。ここから超深海、そして海溝とよばれる領域に入ります。東北沖からは離れますが、世界でもっとも深いマリアナ海溝の微生物を詳しく調べたところ、海溝の超深海に独自の生態系が存在することがわかってきました（Nunoura et al. 2015）。海溝内の超深海層（水深６０００m以深）と、そこより浅い深海層（水深４０００〜６０００m）では、微生物数に大きな違いはありませんでした。しかし、６０００m以深では明らかに従属栄養性のもの、つまり植物のような独立栄養生物ではなく、自らは炭素を固定することができず他の生物から有機化合物を得る微生物が多く生息していました。これらの微生物は、海溝の斜面が地震などで崩れた堆積物から出てくる有機物に依存すると考えられ、独自の超深海海溝生態系を形成しているようです。

11:15

11時15分

水深6200mに到達しました。海底まであと100mです。「しんかい6500」は沈降するために鉄のおもり（バラスト）を搭載しています。海底から高さ100mになると、バラストの半分を切り離します。そうすると浮きも沈みもしない中性浮力になります。「しんかい6500」に搭載する機器の重量や潜航者の体重は、事前にきちんと測り、それにあわせたバラストの量を搭載することが必須です。中性浮力と水平が安定すると垂直スラスタを回しながら海底にゆっくりと降りていきます。

11:20

11時20分

水深6300mの日本海溝の海底に着底しました。着底直後は堆積物が舞い上がるので、濁りで視界が遮られます。まるで味噌汁の中にいるようです。日本海溝の海底には南北方向に流れる潮流があるので、濁りは1分もしないうちに流され、視界が晴れてきます。海底の底質や潮流の流向と流速、そして「しんかい6500」の機器に異常がないことを確認し、海底から2mくらいの高さを維持しながら、目標地点に向かって航走します。海底には、堆積物を食べるキャラウシナマコやセンジュナマコ、懸濁物を集めて食べるウミユリ、オトヒメノハナガサといった底生生物がいます。この堆積物も懸濁物も、もともとは海面表層の生産物に由来していますから、６０００ｍを超える超深海の大型底生生物も光合成生態系の一員ということになります。先ほど述べた斜面崩壊から生み出される有機物とそれを利用する微生物も堆積物や懸濁物に含まれるでしょうが、どれくらい大型底生生物に利用されているのかはわかりません。海溝は凹地《くぼち》ですから、さまざまな物質が堆積する場所です。日本海溝ではなく別の海溝の例ですが時折、ヨミチヒロウミユリのように水深９０００ｍを超える海溝の中央部（海溝軸）に、驚くほど高密度に生物が分布する場合もあります（口絵１・１・４図）。

海底近傍を遊泳したり浮遊したりする生物の数は極端に少なくなります。世界最深部にいる魚類は、プエルトリコ海溝の水深８３７０ｍからオッタートロール網で採集されたヨミノアシロですが（Nielsen 1977）、オッタートロール網ではどの深さで採集されたのか正確にはわかりません。正確に水深を測りながら確認された魚類は、シンカイクサウオの一種*Pseudoliparis swirei*（シュードリパリス スワイレイ）で、自動昇降式の観測装置（フルデプスミニランダー）を用い、２０１７年にマリアナ海溝の水深８１７８ｍで確認されています（口絵１・１・５参照）。「しんかい６５００」で、海溝斜面を登りながら海底観察を続けると、大きさ20㎝程度の真っ白な二枚貝、ナギナタシロウリガイが密集する場所が見えてきます。生物量が少ない超深海帯でオアシスのような場所があるのです。これが化学合成生態系で、１・２節で詳しく紹介します。

14:30

14時30分

「しんかい６５００」は、バッテリーで動きます。水深６０００ｍを超える海底で調査できる時間は３〜４時間程度しかありません。バッテリーが規定放電量に達すると、警告音が鳴り響きます。そして、調査終了となりバラスト（おもり）を切り離し、海面に向け浮上を始めるのです。

未知の世界ではいられない

「しんかい６５００」のような有人潜水調査船や無人探査機は、深海生物研究の強力なツールです。近年、世界的にこのような機器が増え、深海調査は活発に進められていますが、広大な深海を網羅的に調査することは困難です。それを補うため、海水中に含まれる微量なＤＮＡを分析することで生物の多様性や分布を解析する環境ＤＮＡ分析、希薄な生物分布データを海中の環境データと統合することで生物分布予測を行うデータ同化やスパース（希薄）モデリング解析など、調査データの解析手法は日進月歩で進化し続けています。このような成果をもとに、海を持続的に利用するための「深海の保全」の動きも世界的規模で加速しています。いつまでも、「深海は未知の世界」というキャッチフレーズを使っているわけにはいかない状況がせまってきています。

１・２　化学合成生態系とは

化学合成生態系の発見!!

１９７７年、世界が驚く大発見がありました。東太平洋のガラパゴス沖の水深約２５００ｍの海底で熱水噴出孔を初めて発見したのです。その2年後、熱水噴出孔の周りには、二枚貝類や環形動物などの生物が周囲の海底に比べると非常に高い密度で生息することがわかりました。

深海は、太陽光が届かないため、光合成することができず一次生産は起こりません。深海の一次生産を支える源は、海水に含まれる還元物質（硫化水素や水素など）や炭素一つから構成される有機物のメタンです。これら還元物質やメタンが酸化されることで化学エネルギーが生じ、そのエネルギーを使って有機物合成することを化学合成とよび、化学合成原核生物（古細菌と細

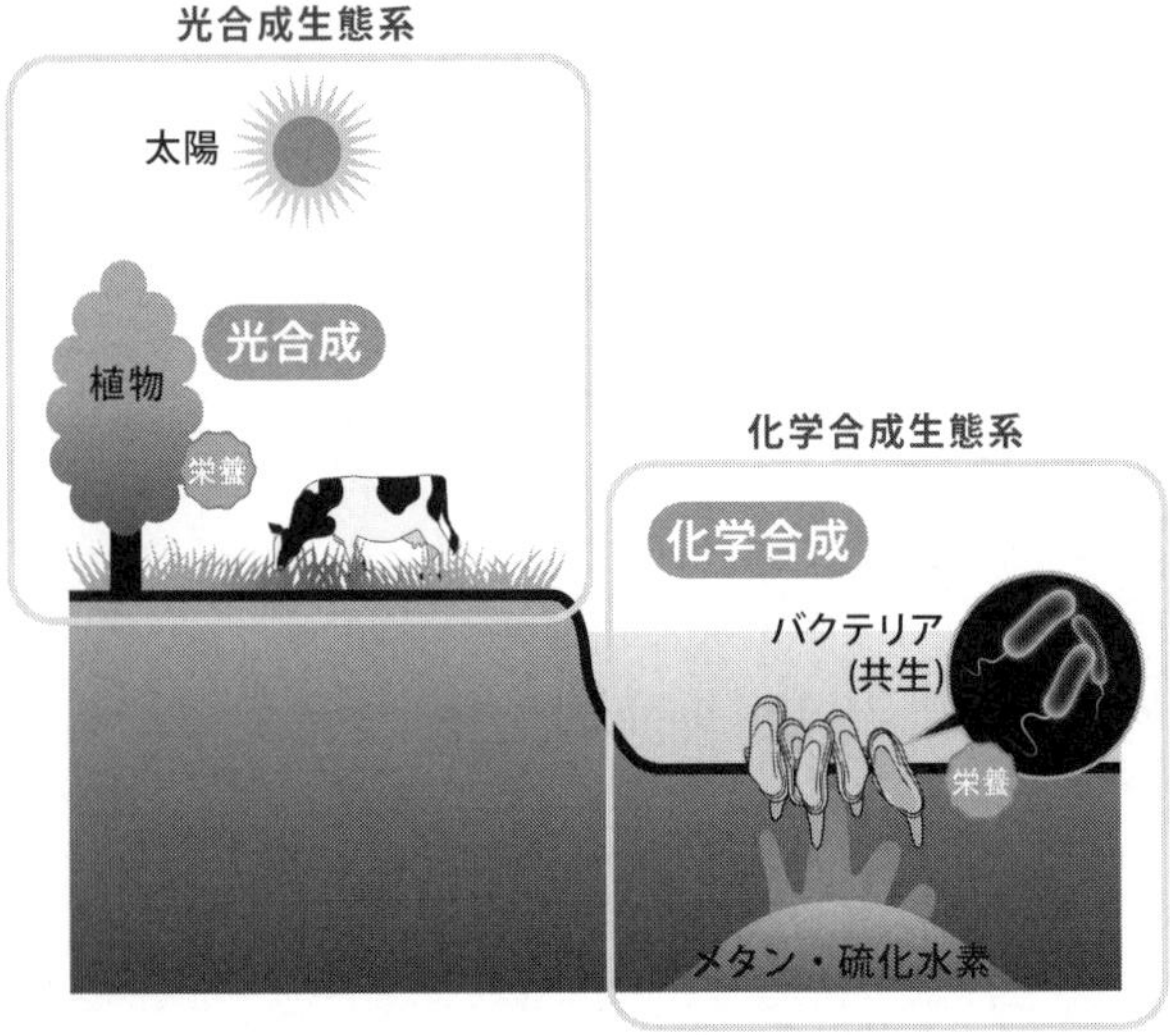

図1・2・1　化学合成生態系と光合成生態系の違い　©JAMSTEC

菌）が行っています。化学合成原核生物が植物のように一次生産者となり、それを栄養源にする動物が集まり生態系ができています（図1・2・1）。この生態系の大きな特徴として、生息している動物の多くは、その体の内外に化学合成細菌を宿しています。これら動物の多くは、口や消化管が働かず、自らの栄養の大部分を化学合成細菌からもらって生きています。

当時、海底下にマグマが湧き出し熱水噴出孔が存在することは予見されていました。しかし、深海は生物は生息するが、密度が低く、砂漠のような世界と思われていました。熱水噴出孔では、付近の温度は高くなると予想されました。地上での気圧は約1気圧なので、水は１００℃で沸騰して、それ以上の温度には上がりません。しかし、深海は水圧が高いため、１００℃以上になっても海水は沸騰せず、水深１０００ｍでの沸点は３００℃以上になります。海底下にしみこんだ海水は熱せられ、熱水として海底から噴出して熱水噴出孔ができます。そのような場所に生物がたくさん生息しているとは誰も考えなかったのです。この発見は20世紀における海洋生物学上の最大の発見の一つとなり、光合成生態系と対をなす言葉として、新たな地球の生態系「化学合成生態系」とよばれるようになりました。

その後、化学合成生態系は、熱水噴出孔の周り（熱水域）や周辺の海水の温度とほぼ変わらない温度の海水が湧き出す場所（湧水域）に存在することがわかりました。また、海底に沈んだ鯨の遺骸や沈木にも化学合成生態系の構成生物に近い種類が群集を形成しており、化学合成生態系に準じて論じられています。陸上の温泉やさまざまな鉱山水や地下水がある場所にも化学合成生態系は存在します。現世のみならず、化石としても化学合成生態系の存在が発見されています。これは、化学合成生態系が太古から存在していたことを示し、地球の歴史を考える上でも重要な証拠です。

深海では有機物の量が少ないために、一般的には、生物群の生息密度は低く、生物の種の多様性は高いです。一方で、化学合成生態系の生物量は非常に高く、周辺の海底に比べて30万倍という場所もあります。化学合成生態系は、限定された場所に存在し面積は広くありませんが、熱水

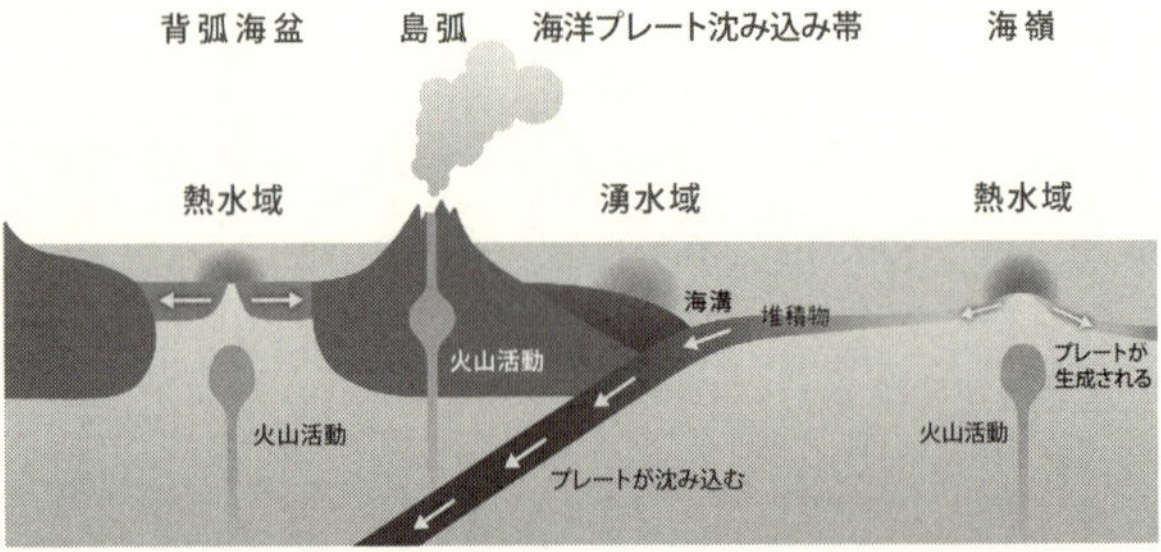

図1・2・2　熱水域と湧水域の見つかる場所（地球の断面図）
©JAMSTEC

域の一次生産量は、単位面積あたりでは熱帯雨林やサンゴ礁に匹敵するとの報告があります。集まる生物の種の多様性は高くなく、化学合成生態系のみに存在する固有種も多く見られます。熱水域は、光合成依存の深海底と比べると、全く逆の様子をみせる生態系を形成しています。

化学合成生態系はどこにある？

熱水域は、主に海嶺《かいれい》と島弧や背弧海盆で見つかります（図1・2・2）。海嶺は、海底山脈で勾配が険しく起伏のある場所で、海嶺よりも勾配が穏やかで、起伏が少ない場所を海《かい》膨《ぼう》とよびます。海嶺でも特に活発な場所は中央海嶺です。中央海嶺は、東太平洋海膨・太平洋南極海嶺、大西洋中央海嶺、中央インド洋海嶺・南西インド洋海嶺・南東インド洋海嶺があり、それぞれが連結していて一つにつながり、総延長距離は7万㎞にも達します（図1・2・3）。

一方、島弧や背弧海盆は、拡大するプレートの先端同士が重なり合い、片方のプレートが沈み込む周辺にあります。この場所を海洋プレート沈み込み帯とよび、片方のプレートが地球内部に沈み込んでつくられた深い溝を海溝や舟状海盆（トラフ）とよびます。島弧は、海溝と接するプレートの陸側に存在する弧状の島で、背弧海盆は、島弧の海溝とは反対側に位置する海底の盆地です。図１・２・２では島弧が陸上の活火山のように示されていますが、島弧は海底にもあります。

熱水噴出孔では、熱水が噴き出し上昇します。その際に、熱水は周囲の海水と混ざり合いながら海水中を煙のように漂います。これを〝プルーム〟とよびます。また、噴出孔では、周囲の低い温度（４℃くらい）の海水と混ざり合うことで、熱水に含まれる重金属などが化学反応を起こして析出し、円柱状の構造ができることがあります。この構造物は煙突にたとえられてチムニーとよばれます。熱水噴出孔は、このチムニーを中心に生物たちが高密度に生息し、躍動感があり地球の息吹を実感できる場所です（口絵１・２・１）。

一方、湧水域は、海溝や海底下に原油や天然ガスが存在する場所、そして泥火山や蛇紋岩《じゃもんがん》に由来する場所で見つかっています。湧水域では、一般的には、熱水域のようにチムニーは存在せず、海底下からじわじわと湧き出しているので、湧水を目で確認することは困難です。しかし、湧水が湧き出すところには、周辺の海底と比べると高密度に生物が生息していて、熱水域と同様に、その風景は生物が満ちあふれていて圧巻です（口絵１・２・２）。

熱水域は、潜水調査船でやみくもに調査しても発見できません。まず、海底地形と地殻内部の状況を調べるとともに、プルームの存在を把握することが重要です。噴出孔から上昇したプルームは、周囲の海水と密度が等しくなると水平方向に広がります。プルーム中には高温かつ熱水由来の成分が含まれています。また、濁度が高い場合もあります。地形的に熱水が噴き出しそうな場所を選んで、船上から海水を採取して、その成分を調べることでプルームを探索します。プルームが見つかると、調査船とカメラをケーブルでつないで海底の映像を取得する曳航《えいこう》式カメラシステムや潜水調査船（有人調査船や無人探査機）で、実際に熱水噴出孔を探索することになります。

近年では、自律型無人探査機（Autonomous Underwater Vehicle：ＡＵＶ）が使われます。あらかじめ探査機に調査したい範囲を設定すると、探査機は海底から高度を一定に保ちながら、広範囲を探索します。探索中に、探査機は詳細な海底地形図と海底の映像を取得します。同時に、海水のさまざまな性質（pHや水温や酸化還元電位など）を測定できるセンサーを探査機に搭載することで、海水を連続的かつ定量的に観測できます。自律型無人探査機の登場によって、一度の探索で、海水の組成を分析し熱水のプルームの存在とともに、地形データ、熱水噴出孔の位置やその映像を同時に取得できるようになりました。

ガラパゴス沖での化学合成生態系の発見以来、中央海嶺を中心に熱水域が発見されました。1

980年の初頭から東太平洋側で調査が進み、東太平洋海膨で数多くの熱水域が見つかりました（図1・2・3）。中央海嶺の熱水域は、海嶺に沿って間隔をあけて見つかります。東太平洋海膨では、約10㎞程度の間隔で点在しています。次に1986年に初めて大西洋の中央を南北に走る大西洋中央海嶺で熱水域が見つかりました。その後、北半球側で多くの熱水域が見つかり、徐々に南半球でも見つかっています。インド洋では、2000年に三つの中央海嶺（中央インド洋海嶺・南西インド洋海嶺・南東インド洋海嶺）が交わる場所で熱水域が見つかりました。インド洋は、調査ができる研究機関から遠距離にあるため探査ができないでいましたが、海洋研究開発機構の調査船「かいれい」と無人探査機「かいこう」を用いて日本のチームが発見しました。この熱水域は「かいれいフィールド」と名付けられました。2010年代に入って、カリブ海で新しい熱水噴出孔が発見されました。この熱水域は、他の海嶺に比べるとプレート拡大速度が遅く、水深4960mと世界最深で、噴き出す熱水の温度は400℃以上と非常に高く、周囲の海水よりも塩分濃度が低いという特徴があり、近年注目されています。

背弧海盆は、太平洋の西側で見られ、日本の周辺に多くの熱水域が発見されています。海嶺・背弧海盆以外に、火山フロントとよばれる南マリアナに位置するTOTOカルデラや、ホットスポットとよばれるハワイ沖のロイヒ海山で熱水噴出孔が見つかっています。

湧水域の発見は、1984年にメキシコ湾で初めて報告されました。熱水域の生物と似た生物

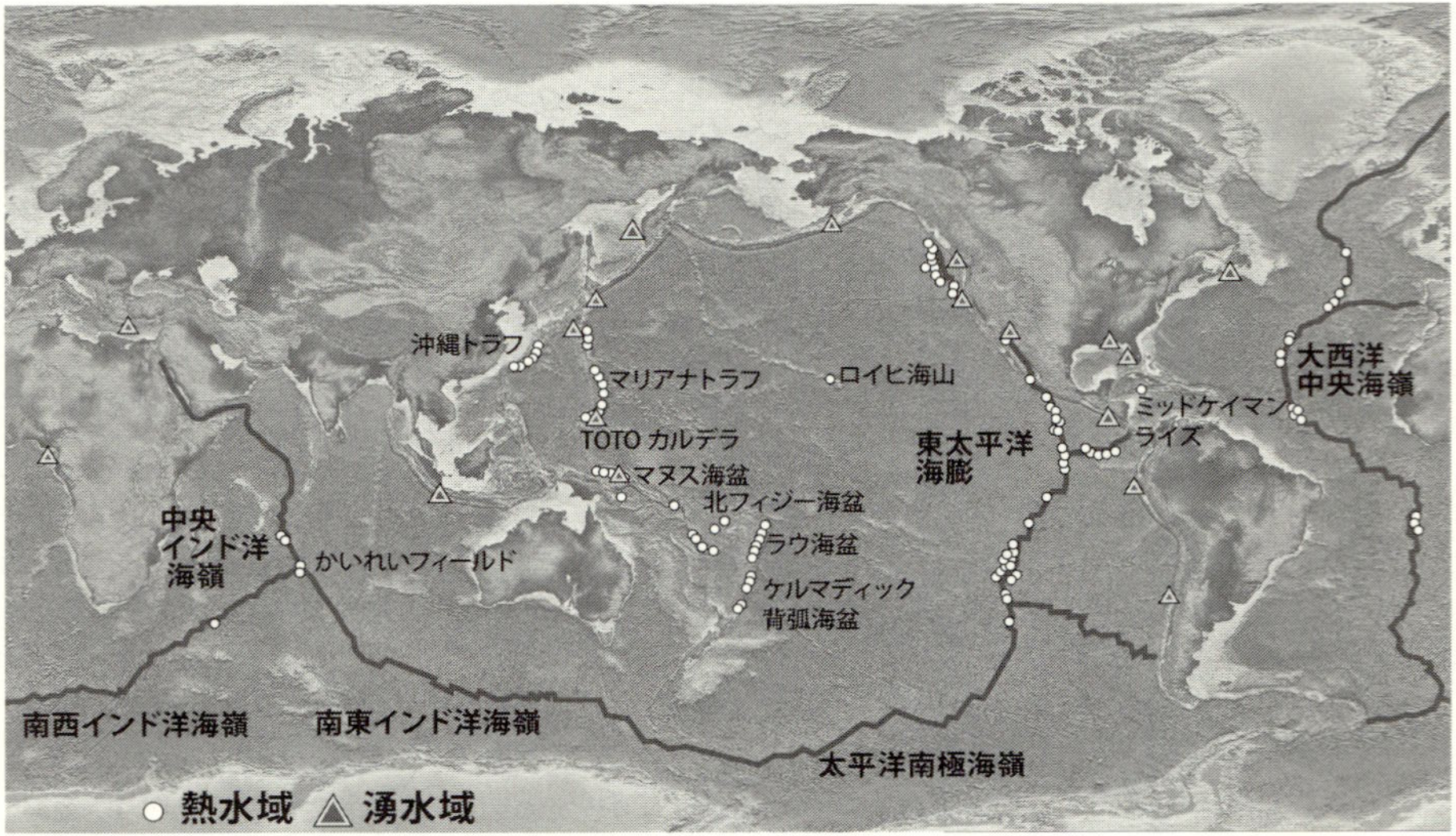

図1・2・3　中央海嶺と化学合成生態系の分布　©JAMSTEC

が堆積物に覆われた断崖に密集して生息していました。同じ年に、日本の相模《さがみ》湾初島沖でも湧水域が初めて発見されました。その後、湧水域は、プレートの沈み込み帯で沈み込むプレートの上側のプレート上に存在することがわかってきました。海溝などの沈み込み帯での湧水域は太平洋、大西洋（ギニア沖）、インド洋（インドネシア沖）、地中海で発見されています。特に太平洋では、プレートの沈み込み帯に伴う海溝が東側と西側の大陸付近にあり、湧水域が多く発見されています（図1・2・3）。これらの湧水域も、熱水域と同じように点在して見つかっています。

海溝以外では、原油や天然ガスが存在する海底でも湧水域が見つかります。原油が埋蔵されているメキシコ湾やアフリカのアンゴラ沖では、詳細な調査が行われています。また、蛇紋岩に由来する湧水域は、マリアナ海域の南チャモロ海山や南マリアナ海域の「しんかいシープ」とよばれる場所にあります。「しんかいシープ」は、マリアナ海溝で一番深く世界最深の深さがあるチャレンジャー海淵《かいえん》の北側で発見され、ここでは湧水としては珍しく炭酸塩でできたチムニーも確認されています。世界には調査が進んでいないブラジル沖の石油採掘されている場所や南極周辺の海域などがあり、新たな熱水域・湧水域の発見が期待されています。

化学合成のエネルギー源の起源は？

化学合成で酸化に使われる還元物質は、水素・硫化水素・硫黄・アンモニア・亜硝酸・鉄などです。酸化する還元物質の種類によって微生物の種類も異なります。硫化水素や硫黄を酸化する硫黄酸化細菌、水素を酸化する水素酸化細菌というように、酸化に用いる還元物質の名前＋酸化細菌とよびます。現在のところ化学合成を行える動物は見つかっていません。

化学合成生態系では、メタンからエネルギーと有機物を合成するメタン酸化細菌も生態系で重要な働きをしており、化学合成細菌に準じて扱っています。メタン酸化細菌は、炭素一つから構成されるメタンを酸化してエネルギーを得ると同時に、酸化されたメタノールは、ホルムアルデヒド、ギ酸に変換されて、有機物合成のもとの物質になります。これらの細菌のなかでも、硫黄酸化細菌とメタン酸化細菌は、化学合成生態系の優占種である動物と共生することが知られています。

化学合成生態系の主要なエネルギー源となる水素・硫化水素・メタンなどの組成や濃度が生物群集の種類や量を決める要因となります。熱水・湧水の海水に含まれる組成や濃度は、地学的条件などによって異なります。化学合成に必要な物質は、どのように海底下から供給されるのでしょうか。熱水域と湧水域では、水素・硫化水素・メタンの起源はそれぞれ異なります。

熱水の起源となる海水は、周囲にある海水で、海水が浸透して海底下に運ばれます（図1・2・4）。浸透した海水は、マグマ（沖縄トラフでは800℃以上）に直接触れず、マグマの上部分（300〜400℃）で熱せられて、岩石との反応によって海水の組成を変化させ、上昇し

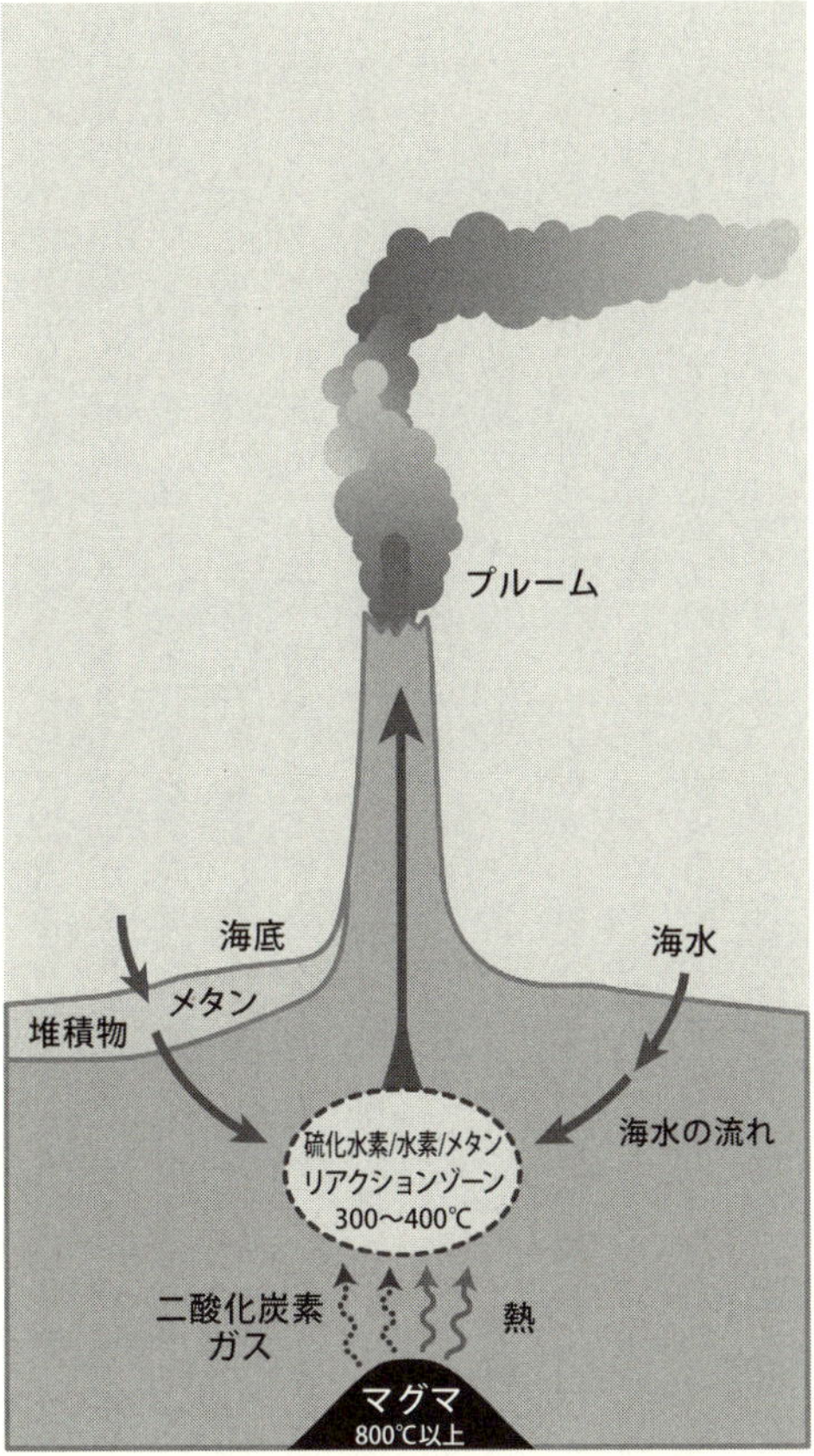

図1・2・4　熱水域の熱水のできかた　©JAMSTEC

て噴出孔から噴き出します。この場所を水‐岩石反応帯（リアクションゾーン）とよび、海水と岩石との反応を水‐岩石反応とよびます。リアクションゾーンでは、水と岩石と気体の平衡状態によって熱水の組成が決まります。よって、熱水に含まれる化学組成は、岩石の種類・熱水と岩石の比率・圧力・温度などのさまざまな因子が複雑に関係します。硫化水素と水素は、水‐岩石反応によって生じます。熱水に含まれる水素濃度は、岩石の種類によって3桁程度変化します。一方で、硫化水素濃度は、どんな岩石でも生じる濃度は一定です。

熱水のメタンの起源は、複雑で議論になっています。メタンは、非生物化学反応（二酸化炭素と水素からメタンが生成）、堆積物中の有機物の熱分解、微生物による二つの代謝反応、水素酸化型メタン生成代謝（二酸化炭素と水素からメタンが生成）と発酵型メタン生成代謝（酢酸やエタノールなどの有機物からメタンが生成）によってつくられます。堆積物が存在しない場合には、メタンの起源は、非生物化学反応と考えられています。この場合には、水素と二酸化炭素が必要ですが、熱水の二酸化炭素の起源は、マグマ由来のガスが海水に接触して溶けこむことによるものです。さまざまな熱水域の熱水の組成を調べると熱水中に含まれる水素とメタンの濃度には、正の相関関係がみられます。一方、海底に堆積物がある場合には、メタンの起源は、堆積物と熱水噴出孔の位置関係や堆積物の厚みなどで異なり、有機物分解と微生物による水素酸化型メタン生成代謝が考えられています。また、熱水へのメタンの添加も海水が海底下に浸透する時に

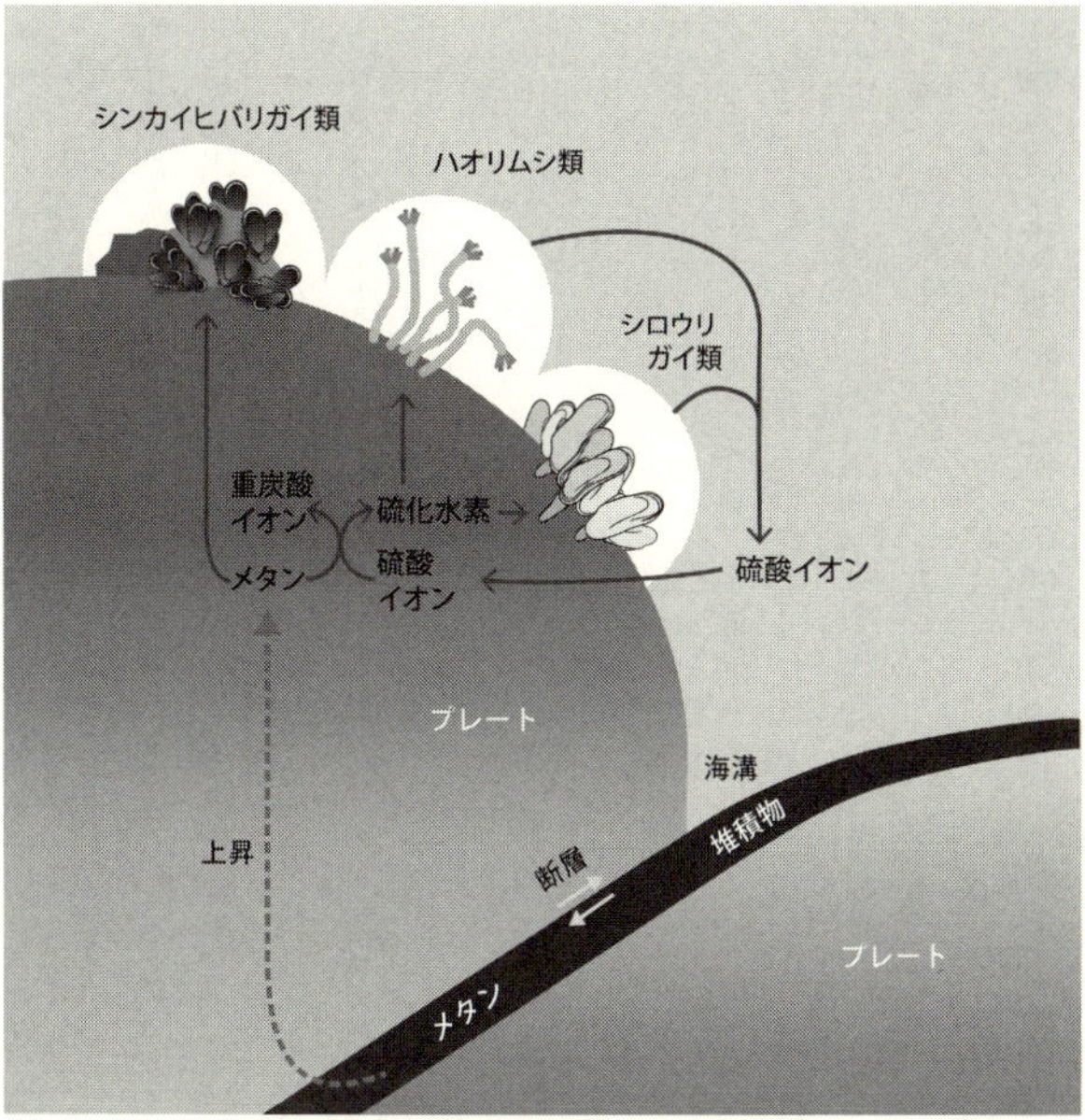

図1・2・5　湧水域の湧水のできかた　©JAMSTEC

起こる場合と、噴出孔の出口付近で起こる場合と、その両者の場合がありとても複雑です。リアクションゾーンにおける水－岩石反応は、海底下深くで生じるため、反応を観測することは困難です。そこで、実験的に物理化学的条件を再現して調べられています。特に、非生物化学反応によるメタン生成は、反応速度が非常に遅く時間がかかり再現するのが困難です。

湧水域では、熱水域とは異なり、湧水の海水の起源を決めるのは難しくなります。地下から湧き出すメタンが、化学合成生態系における一次生産のエネルギーの源となるため、湧水域をメタン湧水域ともよびます。湧水のメタンの起源は二つ考えられています。一つは海溝でのプレートの沈み込みに伴い、海底に堆積した堆積物が、プレートと共に海底下に運ばれ、長い年月を経て堆積物中の有機物が分解されてメタンと硫化水素が生成すること、二つ目は、熱水でも見られる微生物による水素酸化型メタン生成代謝によって生成することです（図1・2・2、1・2・5）。

海底下で生成したメタンは、海底面近くまで上昇してきて堆積物中で周囲の海水と混ざり合います。堆積物中では上昇してきたメタンの大半を微生物が消費します。残ったメタンが海底面まで上昇し湧水域を支えることになります。実は、微生物に消費されたメタンも湧水域を支えています。この微生物のメタンの消費は、嫌気的メタン酸化とよばれ、嫌気的メタン酸化古細菌が担っています。嫌気的メタン酸化は、嫌気的メタン酸化古細菌によるメタン酸化と、硫酸還元細菌が周囲の海水中に含まれる硫酸イオンを還元する反応とが組み合わさり、メタンと硫酸イオンから硫化水素と重炭酸イオンをつくります。つくられた硫化水素は、湧水域に生息する硫黄酸化細菌（動物に共生している硫黄酸化細菌も含む）によって酸化されて、最終的に硫酸イオンとなります。この硫酸イオンが、海中に放出されて、嫌気的メタン酸化に利用されます（図1・2・5）。

化学合成生態系にはどんな動物がいる？

化学合成生態系を構成する動物は、１〜２種類の動物が高い密度と生物量で存在し、全群集の７割を占めます。その多くの動物種が化学合成細菌と共生することが最大の特徴です。ここでは化学合成細菌と共生する動物について説明します。

化学合成細菌が共生する動物は、原生生物、海綿動物、節足動物の甲殻類、線形動物、棘皮動物、軟体動物、環形動物などが報告されています。熱水域や湧水域では、特に軟体動物と環形動物の多くに共生が見られます。これら軟体動物や環形動物の多くは、自らの栄養の大部分を共生している化学合成細菌から得ています。軟体動物では、二枚貝のシロウリガイ類、シンカイヒバリガイ類、ハナシガイ類、キヌタレガイ類など、腹足類（巻き貝）のアルビンガイ類やヨモツヘグイニナやウロコフネタマガイなどがいます。また、環形動物のハオリムシ類やイトエラゴカイ類、甲殻類のツノナシオハラエビ類やゴエモンコシオリエビなどです。

化学合成生態系の発見時に大きな話題を集めたのはハオリムシ類です。ガラパゴス沖で発見されたハオリムシは、英語ではジャイアントチューブワームとよばれています。白いチューブ状の殻を持つ生物で、生管（チューブ）の太さが約３cmで全長が約２mもある大型生物で、驚くべきことに、口や肛門がなく消化管がありません。体の先端にエラ、それに続いてハオリ部とよばれる部分があり、その下に体の大部分を占める栄養体部があります。この栄養体を構成する細胞の中に化学合成細菌が共生しています。口がないので物を食べず、自らの栄養を共生している硫黄酸化細菌に依存しています。発見当初は、ハオリムシ類を新しい動物門とすることが提唱されましたが、幼体には口や消化管があることや分子系統解析から、現在は環形動物門（ミミズやゴカイなど）に属する生物として分類されています。日本の周辺にもハオリムシ類はおり、サツマハオリムシは、鹿児島湾の水深82ｍという世界でもっとも浅い場所に生息しています。化学合成細菌を共生する動物の飼育は難しいのですが、サツマハオリムシは、水族館（かごしま水族館、新江ノ島水族館）で飼育展示されています。世界を見ても化学合成生態系の代表的な生物を生きたまま常設展示している水族館はないので、唯一生きた姿を見られる稀少な場所です。

二枚貝類では、エラの細胞内や外側に化学合成細菌が共生しています。これらの二枚貝類は、口や消化管が単純な構造をしており、食べ物を食べていないと考えられています。二枚貝が必要とする栄養は、共生している化学合成細菌から得ていることが炭素同位体比から明らかとなっています。シロウリガイ類やシンカイヒバリガイ類は、化石としても見つかる二枚貝で、世界中の熱水域・湧水域で見つかる化学合成生態系の代表的な生物です。熱水域に生息している腹足類のアルビンガイ類はマリアナトラフ・南太平洋・インド洋で、ヨモツヘグイニナは南太平洋で、ウロコフネタマガイはインド洋で発見されています。これらの腹足類も化学合成細菌と共生していますが、共生している器官が異なります。アルビンガイ類とヨモツヘグイニナはエラの細胞内に、ウロコフネタマガイは、食道腺の細胞内に細菌が共生しています。これらの腹足類は形態的に面白い特徴を持っており、アルビンガイ類の殻にはたくさんの毛が生えていて、ウロコフネタマガイは、足の表面が鱗《うろこ》のような多数の小さな突起で覆われています。またウロコフネタマガイは、殻と鱗のような突起が硫化鉄でコーティングされていて黒い色になっており、スケーリーフットともよばれます。甲殻類のゴエモンコシオリエビやツノナシオハラエビは、熱水噴出孔の周辺に高密度で生息しています。ゴエモンコシオリエビの腹側には、毛が生えていて、その毛の表面に化学合成細菌が共生しています。ゴエモンコシオリエビは、この細菌をこしとって食べて栄養を得ています。熱水の近くに生息し体の表面で化学合成細菌を培養しているのです。ツノナシオハラエビは、エラ付近にある組織の表面に化学合成細菌を共生させ、それを食べていると考えられています。

　化学合成細菌である硫黄酸化細菌を細胞の内部に共生させているハオリムシ類やシロウリガイ類などでは、硫黄酸化細菌のエネルギー源となる硫化水素を体内に取り込み、細菌に供給する必要があります。しかしながら、硫化水素は、細胞の呼吸に関係するミトコンドリアの酵素に結合して阻害し、呼吸障害を起こし死にいたらしめます。彼らは動物でありながら、硫化水素をどのように取り込んでいるのでしょうか。ハオリムシ類は、堆積物中に埋まっている体の部分から硫化水素を取り込み、血液中に含まれるヘモグロビンが硫化水素と結合して栄養体へと運ばれます。ヘモグロビンは人間のヘモグロビンとは異なり巨大な構造をしていて、酸素と硫化水素を同時に運ぶことができます。一方、シロウリガイ類は、泥の中に体を埋めて生息しており、泥の中に含まれる硫化水素を取り込んでいます。硫化水素は、足から取り込まれ、血液中に含まれる硫化水素を結合するタンパク質を介して、エラまで運ばれると考えられています。

化学合成生態系に集まる生物の中には、マリンスノーなどを食べる動物や、通常の深海で見られる甲殻類や魚なども生息しています。また、化学合成に必要な酸素は、化学合成生態系に生息するすべての動物の呼吸にも使われますが、酸素はそもそも光合成でつくられる物質です。熱水も湧水の場合も、そこに含まれる化学合成のエネルギー源のもとは、光合成によってつくられた堆積物中の有機物が関係してきます。つまり光合成生態系と化学合成生態系は、それぞれが隔離されているのではなくてつながっているのです。

1・3 共生がもたらす進化いろいろ!

化学合成生態系の共生現象

共生は、異なる生物同士が相互作用して共存する現象で、地球上のさまざまな生物で見られる

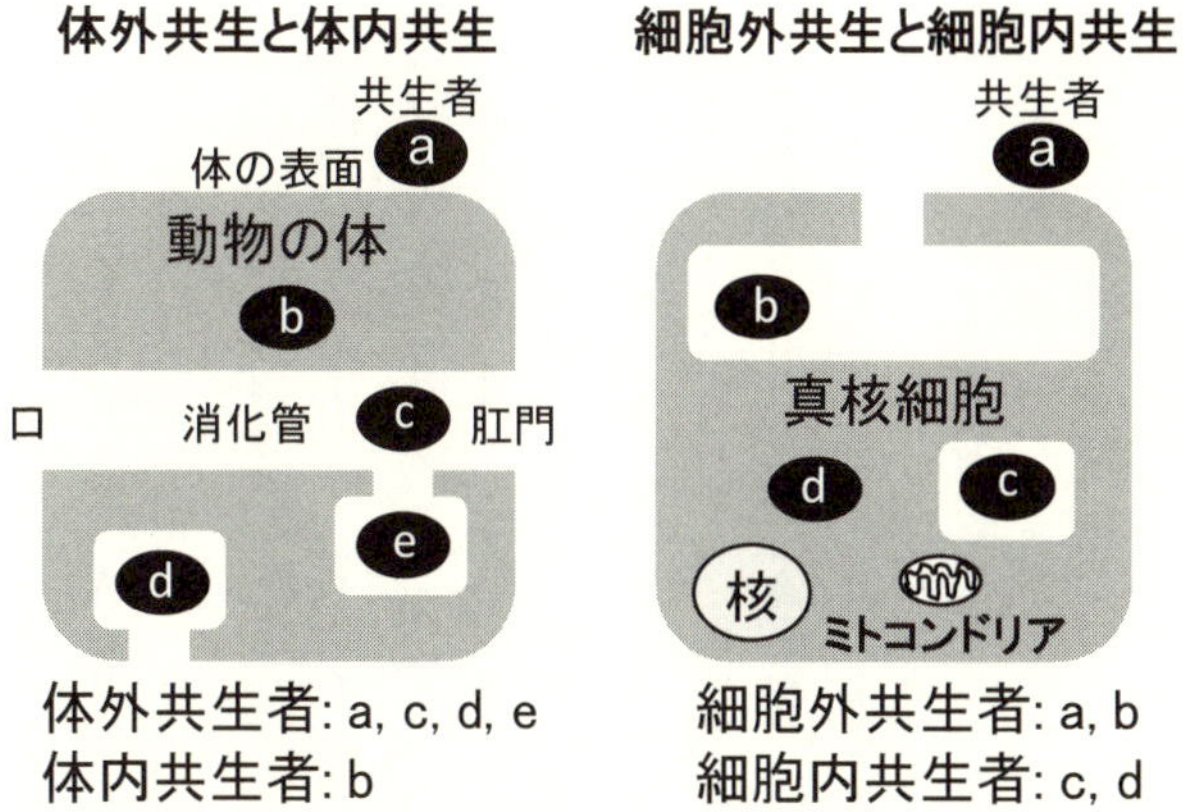

図1・3・1　共生のタイプ　吉田尊雄／©JAMSTEC

普遍的な現象です。ここでは主に化学合成生態系の共生現象を例に説明します。化学合成細菌は、動物の体の表面（体外共生）や体の内部（体内共生）、また、細胞の外側（細胞外共生）や内部（細胞内共生）に共生します（図１・３・１）。共生では、体が大きい生物を宿主とよび、体が小さい生物を共生者とよぶので、動物は宿主、化学合成細菌は共生者です。以後、共生者を共生菌とよびます。共生では、異なる二種がお互いに利益を受ける場合は、相利共生とよび、片方だけが利益を受け、もう一方は利害に影響がない場合は片利共生とよびます。また、片方が利益を得るのに対して片方が不利益を被る関係は寄生とよびます。実際は、これらの関係をはっきりさせることは難しいです。化学合成生態系の共生では、宿主は共生菌から栄養を得ていますので、宿主は利益を受けています。一方の共生菌はどうでしょうか。共生菌が体の内部や細胞内に共生している場合には、宿主により捕食者から守られていることになります。化学合成生態系で多く見られる細胞内共生は、相利共生であるという考えがありますが、共生菌が利益を得ている証拠をはっきりと示すことはできていません。

共生者が細菌など目では見えない生物の場合には、宿主は共生者を有していても、一つの生物に見えます。このような生物の集合体を一つの単位として考え、ホロビオントとよびます。また、宿主と共生者を一つのシステムと捉えて、共生系とよぶことがあります。共生によって、異なる生理機能を持った生物が相互作用して、ホロビオントまたは共生系として新しい機能を獲得し、新しい環境に適応することができるようになります。化学合成生態系では、宿主は化学合成細菌と共生することにより、動物でありながら、自ら食べることなく、動物にとって有害である硫化水素が湧き出す環境に適応して生存できたのです。共生は、生物の多様性をつくり出す原動力と考えることもできる重要な生命現象です。

次世代への共生菌の伝達

化学合成生態系では、宿主にとって共生菌は、エネルギーを獲得し有機物をつくり出すことから、細胞の細胞小器官（オルガネラ）における生命活動に必要なエネルギー合成を行うミトコン

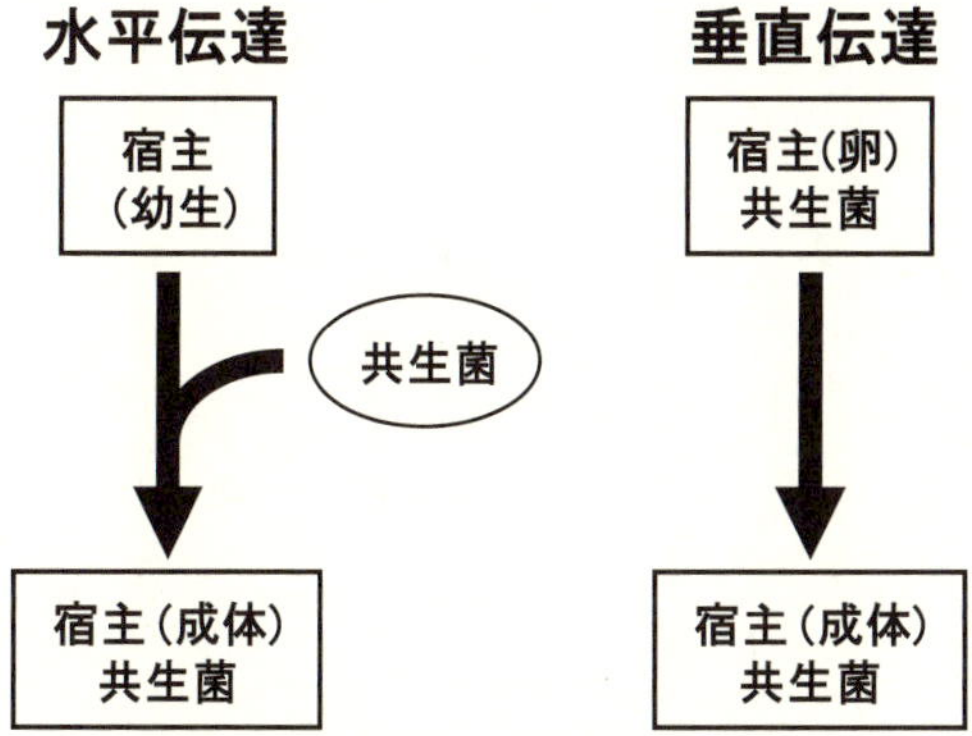

図1・3・2　共生菌の伝達方法　吉田尊雄／ ©JAMSTEC

ドリアや光合成を行う葉緑体と同様な機能を担っており、宿主には必要不可欠な存在です。よって、共生系では、宿主による共生菌の獲得は生命の存続に関わります。宿主の次世代への共生菌の伝達が重要となり、大きく二つに分けられます（図１・３・２）。

一つは水平伝達とよばれ、宿主の卵には、共生菌が存在せずに、成長の段階で環境から共生菌を獲得します。環境中の共生菌を直接的に捉えた例は少なく、環境中で増殖しているかは明らかではありません。共生菌は増殖せずに休眠状態で存在し、宿主に入り込んだ後で増殖している可能性もあります。また、宿主間で共生菌をやり取りすることも考えられています。ハオリムシ類やシンカイヒバリガイ類は水平伝達により共生菌を細胞内に獲得していると考えられています。

もう一つは垂直伝達とよばれ、宿主の精子や卵を経由して親から子へと共生菌が伝達されます。シロウリガイ類は、卵に共生菌が存在し垂直伝達されます。精子を介して共生菌が垂直伝達される例は昆虫の共生系では見られますが、化学合成生態系では今のところ発見されていません。

水平伝達は、宿主と共生菌の系統関係が一致しないことから予想されました。ハオリムシ類の成体は口や消化管がありませんが、成長段階では、幼体時に、口や消化管があり、環境中の共生菌を食べて獲得すると考えられていました。化学合成細菌と共生している動物は、飼育することが難しく、卵から成体へ成長させることができません。また宿主動物の種類を問わず、いまだ共生菌そのものが培養されたことはなく、飼育実験から水平伝達を検証することは困難です。そこで、東太平洋の熱水域にあるハオリムシの生息場所にハオリムシ幼体が着底できる人工のすみかを設置して、幼体から成体までの個体を得て、共生菌の局在を調べました。驚くべきことに、共生菌は幼生時に表皮から入り、筋肉や体腔《たいこう》となる中胚葉性の組織へ移動して栄養体となることがわかりました。また、ハオリムシの生息場所に、微生物が付着するフィルムを設置したところ、そのフィルムに環境中の共生菌が付着していることが発見され、水平伝達をより強く示唆する結果が得られています。

フレキシブルに対応するシンカイヒバリガイ

シンカイヒバリガイ類は、食用のムール貝の仲間で、祖先は、沿岸に生息していたイガイ類と考えられています。シンカイヒバリガイ類は種によってエラ細胞内の共生菌の種類が異なります。硫黄酸化細菌あるいはメタン酸化細菌のどちらかの1種類と共生する宿主と、両者のそれぞれ1種類ずつを一つのエラ細胞内に共生している宿主もいます。

シンカイヒバリガイ類が水平伝達により共生菌をどのように獲得するのか？　また、共生系がどのように成立しているのか？　それを理解するためには、飼育実験により明らかにする必要があります。シンカイヒバリガイ類は、比較的長期間飼育できますが、約2ヵ月後には共生菌がいなくなります。水槽では、エネルギー源となる硫化水素やメタンがないために共生菌を維持できないのです。硫化水素は、人間にとって毒となり、メタンは引火性のガスなので、安定的に供給して飼育するのはとても困難です。また、前述のように、共生菌は培養できていません。

私たちは、この共生系の理解には、すべての遺伝子情報が記録されている共生菌のゲノムDNA配列（全ゲノム配列）を解読することで解明できると考えました。そこで、熱水域に生息するシチヨウシンカイヒバリガイの共生菌である硫黄酸化細菌の全ゲノム配列を決めました。その結果、共生菌は、硫化水素からエネルギーを作り出し、二酸化炭素を固定してアミノ酸などの有機物を作り出す遺伝子群を持っていることがわかりました。しかし、宿主への感染に関係する遺伝子群などは見つからず、どのように宿主へ水平伝達しているかは、わかりませんでした。

しかし、奇妙な現象を発見しました。共生菌は、同一のゲノム配列を持つのではなく、ある特定の配列があったりなかったりという、複雑なゲノム構造をしていたのです。これは一個体の宿主に異なる複数種の共生菌が共生していることを意味します。しかし、詳しく調べてもシチヨウシンカイヒバリガイの宿主一個体には、種としては1種類の共生菌しか存在していませんでした。ゲノム配列の有無が存在する領域は、ゲノムの全体で広範囲にわたって複数ヵ所に分布していました。その領域の代表的な遺伝子として、水素の酸化に関与する遺伝子セット（水素酸化遺伝子群）と硝酸イオンの還元に関与する遺伝子セット（硝酸還元遺伝子群）がありました。これらの役割は、それぞれ水素や硝酸イオンを使ってエネルギーを作り出すことです。よって、宿主内の共生菌の中には、エネルギー獲得に関してゲノム構造レベルの個体差があるのです。

同一種でありながら「個体差を持つ集団（亜集団）」のエラ組織内での分布を調べました。その結果、エネルギー獲得能力が異なる共生菌の四つの亜集団（水素酸化遺伝子群を持つ菌、硝酸還元遺伝子群を持つ菌、両方を持つ菌、そして両方を持たない菌）が、エラ組織のなかでそれぞれの菌が共存することなく、おそらく細胞内に1種類の菌が共生し、その細胞が「モザイク状」に分布していることがわかりました（図1・3・3）。シチヨウシンカイヒバリガイが生息する海水を抽出し、特異的にDNAを検出するPCRという方法で確認したところ、海水中からも、水素酸化遺伝子群や硝酸還元遺伝子群がある場合とない場合の共生菌のゲノムDNAが存在しました。つまり、シチヨウシンカイヒバリガイ生息域の海水中にも、少なくとも四つの共生菌亜集

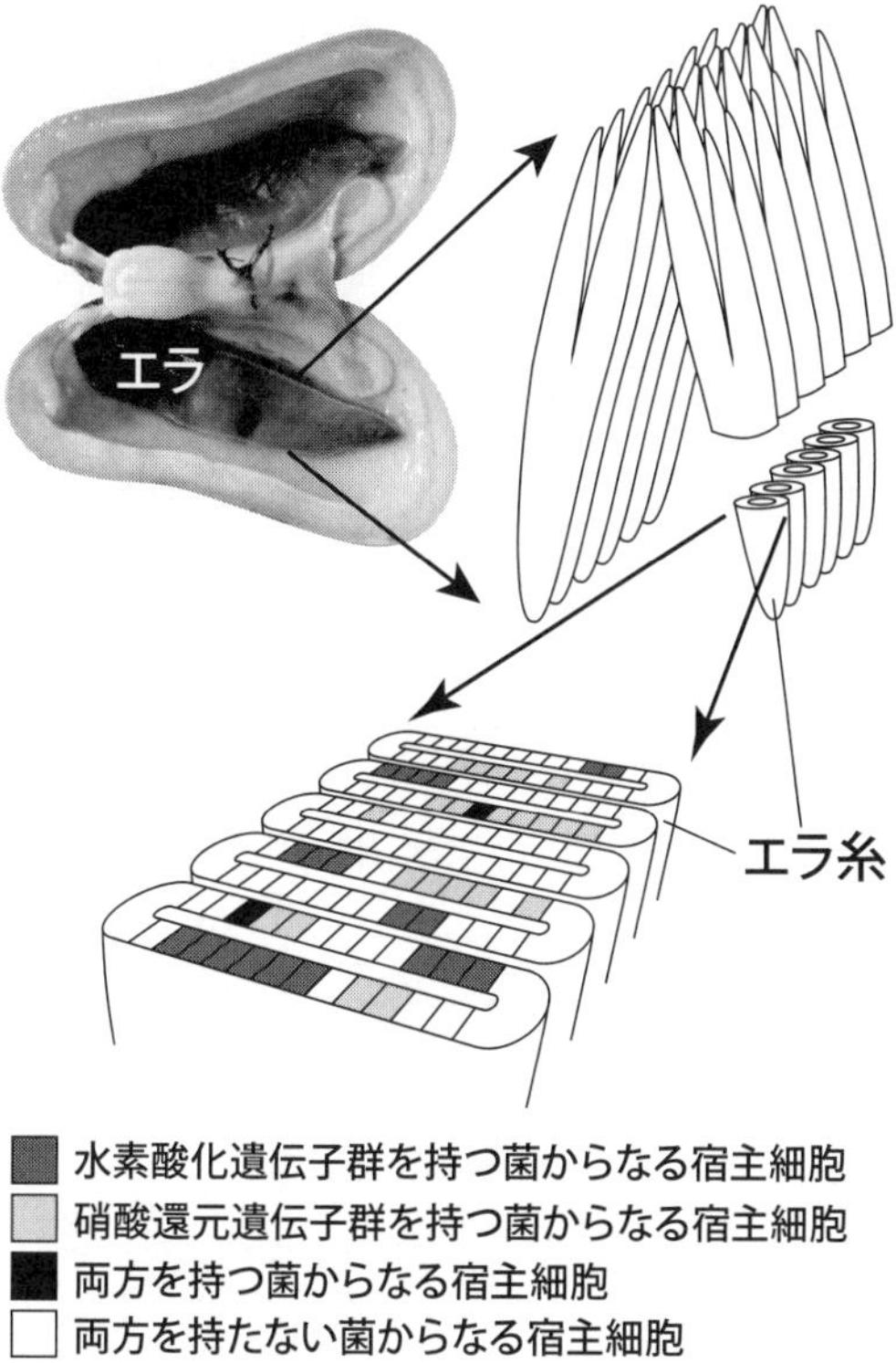

図1・3・3　シチヨウシンカイヒバリガイのエラの共生菌細胞の分布　吉田尊雄／©JAMSTEC

団が存在し、水平伝達により宿主に感染し、一個体の宿主中に複数の共生菌亜集団が混在すると考えられました。

熱水域は、熱水の組成などが変動し、周囲の海水と激しく混ざり合い、また潮流によって拡散するため、物理的・化学的に激しく変化します。西大西洋の熱水域に生息するシンカイヒバリガイ類は、異なるエネルギー源を利用する硫黄酸化細菌とメタン酸化細菌の両者との共生によって、この変化に対応していると考えられています。一方、シチヨウシンカイヒバリガイは、共生菌がゲノム構造を変化させる進化をして、種としては1種類ですが、ゲノム構造が異なる共生菌亜集団が宿主内に複数存在し、共生系として、海水中に存在するエネルギー源を使い分け、幅広いエネルギー源を巧みに利用するという、これまで知られていなかった全く新しい環境適応戦略をとっていることがわかりました。

シロウリガイ類の全く新しい垂直伝達方法

シロウリガイ類は、ハマグリの仲間で、エラ細胞内に1種類の硫黄酸化細菌が共生しています。これまでに卵巣内の細胞から共生菌が検出され、卵を介して共生菌は垂直伝達すると考えられています。また、研究によってシロウリガイ類の宿主と共生菌の両者の系統関係が一致し、両者の祖先が一緒で、共に進化して種分化（共種分化）してきたと考えられています。しかし、実際には卵の共生菌の存在は不明で、卵のどこにいるのか、また次世代にはどれくらいの数の共生菌が伝達されるのかなど、垂直伝達の実態は長い間謎でした。

シロウリガイ類は、雌雄異体で見た目から雄雌の区別はできず、採取直後から死んでしまう個体が多く、非常に扱いが難しい生物です。私たちは、卵の共生菌の存在を解明するため、実験を重ね、シマイシロウリガイの卵を世界で初めて人工的に得ることができました。採取直後に元気そうな個体を複数選び、特別な道具を使って閉じた貝殻を開いて、足の付け根に薬剤を注射し、しばらく海水中に放置すると卵を産みました。念願の卵を得ることができたのです。しかし、卵は壊れやすく、さらに海水の表面に浮いてきて表面張力で壊れてしまい、親同様に扱いが困難でした。実験を工夫して、ようやく卵の共生菌の存在を明らかにできました。

当初、卵の細胞内に共生菌は存在すると考え、探したのですが共生菌は全く見つかりません。丹念に調べると、驚くべきことに共生菌は卵の細胞膜の外側にいました。さらに共生菌は卵の表面に均一に存在せずに、なんと卵のある部分の狭い範囲にいました（図1・3・4）。動物の卵には、動物極と植物極があります。共生菌は、卵の植物極の細胞膜の外側に存在していたのです。シロウリガイ類の共生菌は、エラ細胞と卵巣の濾《ろ》胞《ほう》細胞に細胞内共生しています。卵巣を詳しく調べると、共生菌は将来卵となる卵母細胞の植物極に存在していました。産み落とされた卵の共生菌は、受精して発生する段階で、細胞内に入り込みエラ細胞や卵巣に共生することになり

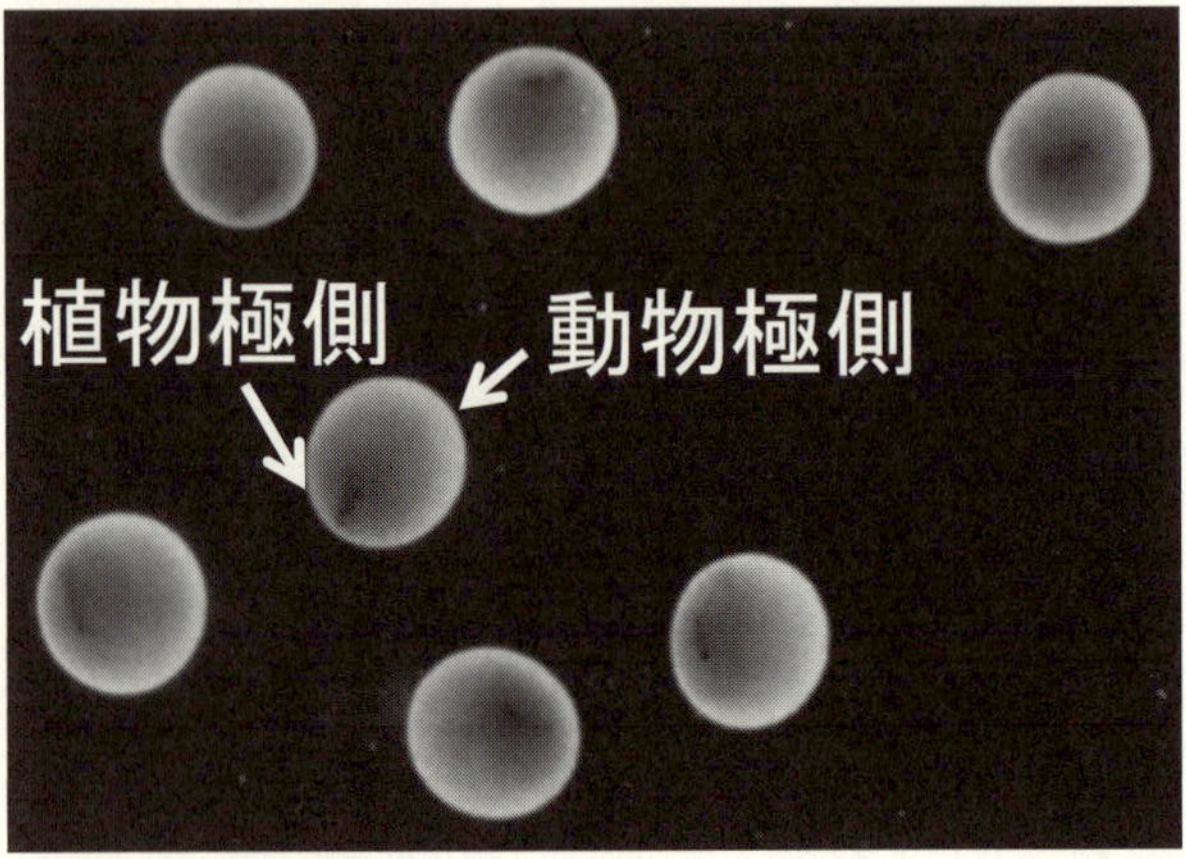

図1・3・4　シマイシロウリガイの卵
植物極に共生菌が局在している。生田哲朗／©JAMSTEC

ます。どのように共生菌がこれらの細胞内に共生するのかを知りたいのですが、実験的に卵から成貝までの発生過程を観察できていません。しかし、他の二枚貝の卵の発生が調べられていて、植物極側は、将来、生殖に関わる細胞などを含む内中胚葉性の組織になると考えられています。シロウリガイ類の共生菌は卵の段階で、既に卵巣へ受け渡されるようなしくみがあるのかもしれません。卵の共生菌の数を調べてみると、卵一つあたり約400個でした。昆虫のアブラムシで垂直伝達する共生菌は、卵一つあたり約2000個おり、シマイシロウリガイの共生菌は1桁少ない共生菌が垂直伝達されています。宿主に必須の共生菌が、次世代に受け継がれる卵では細胞の外、かつ卵の植物極に存在する現象は、これまで報告された例がなく、全く

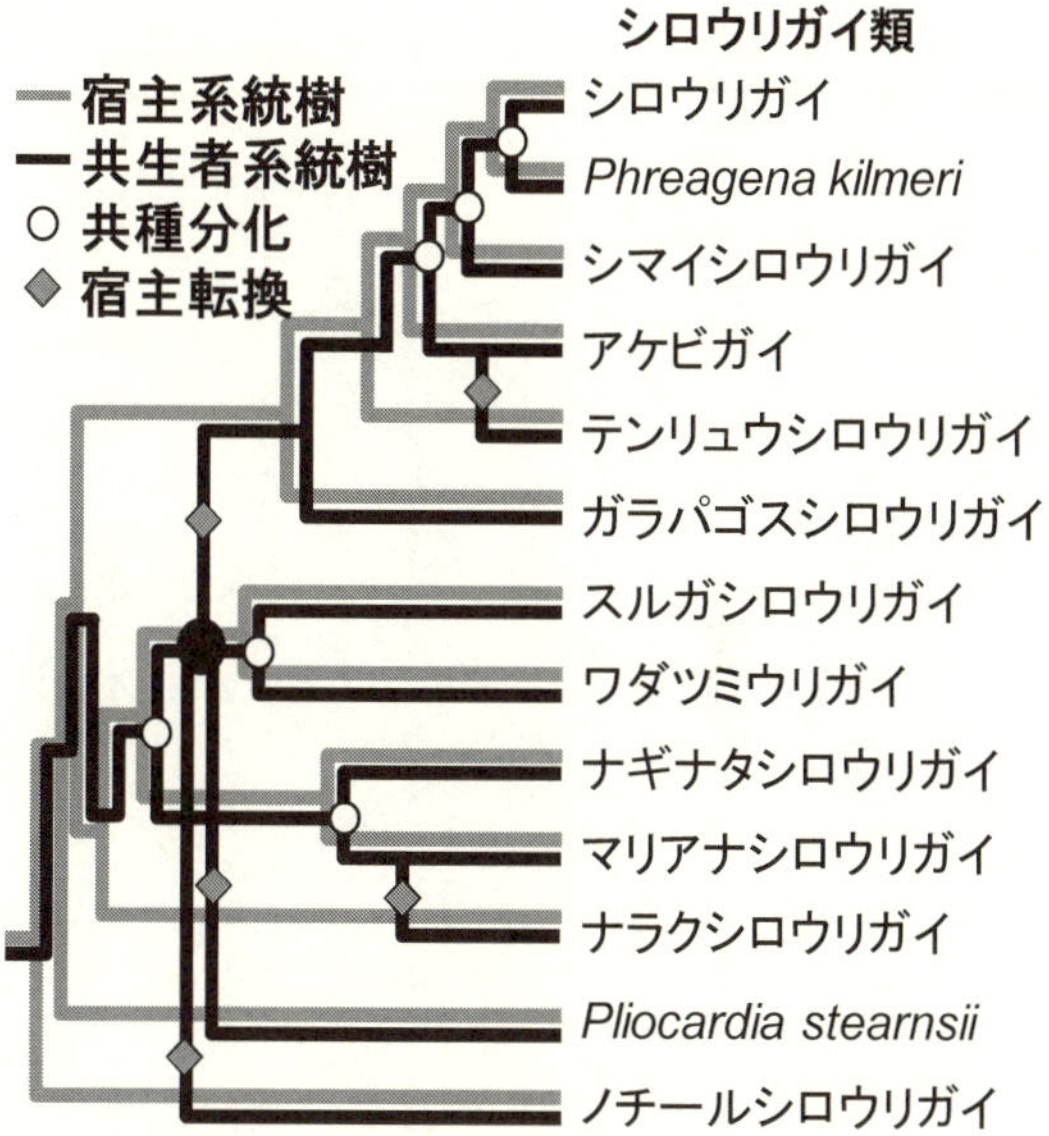

図1・3・5　シロウリガイ類の宿主と共生菌の系統樹
吉田尊雄／©JAMSTEC

新しい共生菌の垂直伝達方法でした。これは、これまで謎とされてきたシロウリガイ類のいくつかの現象をひもとくことになります。

近年、宿主と共生菌の系統関係が異なるシロウリガイ類が数種類ほど見つかりました。これらの種では、ある種の宿主から他の宿主へ共生菌が水平伝達したことを表す宿主転換が起きたことを示していました。私たちは、この現象はシロウリガイ類が進化する初期過程から複数の宿主間で生じた可能性を発見しました（図１・３・５）。宿主転換を起こすには、異なる種の宿主へ共生菌が水平伝達する必要があります。相模湾初島沖には、2種類のシロウリガイ類（シロウリガイとシマイシロウリガイ）が同じ場所に混在しています。これらシロウリガイ類は、水温の上昇を感知して雄が精子を放精し、その精子を感知して雌が卵を放卵し、異なる宿主が同調的に卵を産んでいます。シロウリガイの共生菌は卵の外側に存在していますので、異なる種の卵同士が物理的に接触することで共生菌が入れ替わり、他の宿主へ移動する可能性がでてきました。シロウリガイ類は祖先から卵の外側に共生菌が存在していた可能性があり、進化を考える上でも極めて重要な知見をもたらしました。

シロウリガイの共生菌のゲノム縮小

近年、細胞内共生菌のゲノムに対する知見が増え、ゲノムがどのように進化してきたか、その変遷が調べられています。共生菌の祖先は、環境中で自由生活をしていたものが、宿主動物の細胞内へ共生し垂直伝達することで、自由生活で不必要になった遺伝子を欠失させて、ゲノムの大きさ（ゲノムサイズ）が小さくなる現象が発見されています。ゲノムサイズの単位にはbp（ベースペア＝塩基対）が使われ、自由生活をする大腸菌のゲノムサイズは約4・6Mbp（メガベースペア、460万塩基対）です。それに比べて昆虫の水平伝達される共生菌では、最小ゲノムサイズは、今のところ約0・16Mbpと非常に小さく、共生菌が失った機能を宿主が肩代わりして、宿主と共生菌がお互いに強固な相互作用をしています。このゲノムサイズが小さくなる現象をゲノム縮小進化とよびます。

私たちの研究対象のシマイシロウリガイの共生菌にもゲノム縮小進化という現象が見いだされ、昆虫の共生菌以外で初めての発見になりました。シマイシロウリガイの共生菌のゲノムサイズは、約１・０２Mbpで近縁の自由生活型の硫黄酸化細菌に比べると２分の１ほどです。昆虫の共生菌と比べると、極端にゲノム縮小が進んでいるとは考えにくいですが、今のところ、独立栄養微生物としては最小のゲノムサイズになります。同時期に、ガラパゴスシロウリガイの共生菌のゲノム配列（１・１６Mbp）が報告されました。これら2種の共生菌のゲノムサイズには、０・１４Mbpの違いがあり、両者の近縁性から考えると、その差は非常に大きいものでした。２種の共生菌のゲノムを比較すると、配列の相同性は、約80％と非常に高く、さらにゲノム構造を調べたところ、遺伝子の並び方は、一部に配列の逆位がありますが、全体的に一致しました。しかし、２種のゲノム間では、一方が持つＤＮＡ配列が、他方では見つからないという、シチヨウシンカイヒバリガイの共生菌で発見されたようなＤＮＡ配列の有無が、ゲノム全体に複数ヵ所で見つかりました。これらの有無は、祖先となる共生菌のゲノムには存在した遺伝子が進化の過程で失われたと考えられます。一般的に垂直伝達される細胞内共生菌のゲノムは、他の自由生活型細菌のゲノムに比べて、多くのＤＮＡ修復酵素遺伝子が存在せず、進化の過程で失われたと考えられています。これでは、ＤＮＡ配列に対して変異が入ると修復することができず、変異が蓄積されます。実際にシロウリガイ類の共生菌ゲノムの変異率は、自由生活をする大腸菌などに比べると約4倍高い値でした。

一方、シロウリガイ類の共生菌と近縁であるシチヨウシンカイヒバリガイの共生菌のゲノムサイズは1・5Mbpでシロウリガイ類の約1・5倍に相当し、ゲノム縮小進化の痕跡はありません。この二つの共生菌のゲノムの差は、共生菌の伝達方法が大きな原因になっています。シンカイヒバリガイ類の共生菌は水平伝達であり、ゲノムサイズは外部からの遺伝子移入と遺伝子欠失のバランスで決まります。一方、シロウリガイ類などの垂直伝達の共生菌では、卵に存在する共生菌の数が少なくなることで生じるボトルネック効果とよばれる現象により、世代が進むにつれて変異が蓄積します。さらに共生により必須ではなくなった遺伝子は偽遺伝子化してゲノムから欠失します。

シロウリガイ類の共生菌は、卵の外側に共生菌が存在すること、ゲノムサイズや欠失の状況を考えると、昆虫の極端にゲノムが小さくなった共生菌よりも、ゲノム縮小は進んでおらず、中間的な状況にあると考えています。シロウリガイ類の卵あたりの共生菌の数は、昆虫よりも少なく、集団としては少ない数です。また、エラ細胞内の共生菌のゲノムのコピー数は1であるのに対して、卵の共生菌のゲノムのコピー数は約10でした。共生菌のゲノムのコピー数が1の場合、致死的な変異が入ったら、修復することができずに死んでしまいます。卵に存在する共生菌は、宿主細胞の外であることと集団として少ないことを認識して、ゲノムのコピー数を増やすことで、変異の蓄積を抑えている可能性があり、巧妙に対応しているのかもしれません。

真核細胞のオルガネラのミトコンドリアや葉緑体は、もともとは細菌で、真核細胞の祖先の細胞に共生することで真核細胞が誕生したと考えられています（図１・３・６）。一般的に、これらのオルガネラは、母から子に伝わる母系遺伝、すなわち次世代に垂直伝達されます。これらのオルガネラも、それぞれゲノムサイズが小さなゲノムを持ち、ゲノム縮小進化してきたと考えられています。真核細胞のオルガネラとなる細菌が共生によって、どのような変遷を受けてオルガネラになったのかは、生物学の大きな課題です。シロウリガイ類の共生菌のゲノムを調べることで、真核細胞の進化を考える上での重要な情報を与えてくれる可能性があります。今後、さらにシロウリガイ類の共生菌のゲノム比較やさまざまな化学合成共生菌との比較研究により、ゲノム縮小進化のメカニズムの詳細が明らかになり、真核細胞の進化の解明に一石を投じることができるかもしれません。

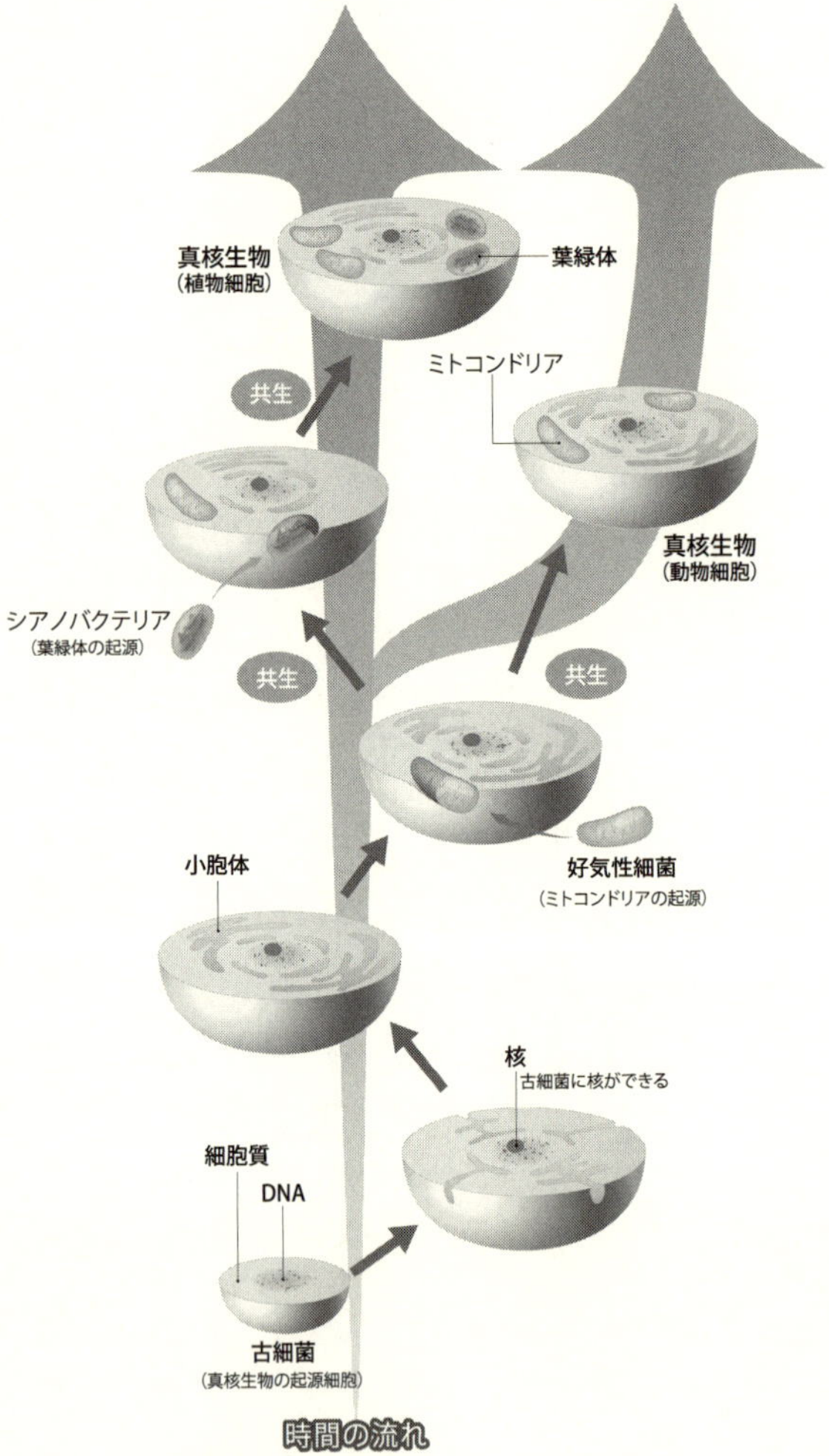

図1・3・6　真核細胞の成り立ち
©松尾奈央

1・4　生命の起源と地球外生命

生命の起源研究

現在、地球上には数えきれないほどの多種多様な生物が生きています。この地球上のすべての生物は、地球が誕生したおよそ46億年前以降に誕生した一つの生命体から進化したといわれています。生命の進化の歴史を地質記録に残されている化石や生物の遺伝子に基づいてさかのぼると、私たちの共通祖先が誕生したのは40億年前よりも古い時代といわれています。つまり、全生物の共通祖先は46億年前から40億年前の間に誕生したことになります。この時代は地質年代で冥王代とよばれ、地質記録がほとんど残されていません。

誕生直後の地球は、それを形作った隕石が集積・衝突して発生した熱により、すべての岩石が融《と》けてできた高温のマグマで覆われていました。その後、地球は徐々に冷え固まり、高温の水蒸気として大気中にあった水は凝縮し、雨となって地表に降り注ぎ原始海洋を形成したとされています。しかし、冥王代の地球には膨大な量の隕石が降り注ぎ、その衝突熱によって、せっかくできあがった海洋も何度か干上がっただろうといわれています。このように不安定な地表環境の冥王代の地球において、私たちの共通祖先である生命体はどこでどのように生まれたのでしょうか。これを解き明かそうとするのが生命の起源に関する研究です。具体的に言い換えれば、膜を持ちエネルギー代謝と遺伝（自己複製）を行うことができる生命体が、冥王代の地球上のどのような環境でどのような反応を経由して誕生したのか、を明らかにする研究ということができるでしょう。

生命の生まれた場所はどこか？

生命の起源に関する研究には、さまざまなアプローチがあります。

たとえば、遺伝を行うために必須であるＲＮＡという物質が生命誕生前に存在し、それが生命へと進化したというＲＮＡワールド仮説や、代謝などのさまざまな生体反応の酵素として働くタンパク質（プロテイン）が最初に作り出され、それが生命へと進化したとするプロテインワールド仮説があります。この研究は、これら二説に代表されるように、地球上の生命体が共通に持っている重要な構造因子がどのような化学反応プロセスでできたのかを解明しようとする研究です。これらは、生命が誕生するためにはどの物質が最初にでき、どのような順番で複雑な生命体を構成していったのかを実験や理論から推定する研究であるといえます。

一方で、陸上温泉起源説、深海熱水起源説、宇宙起源説というように、私たちの共通祖先である生命体がどのような場所・環境で誕生したのかを解明しようとする研究もあります。これらは、実験や理論に加え、地質学や宇宙探査といったさまざまなアプローチで研究が進められており、特に近年活発に議論されています。

陸上温泉起源説は、温泉や間欠泉といった比較的低温（およそ１００℃以下）の熱水が地上に噴出する場所で生命が誕生したとする説です。温泉が地上に噴出する場所では、地上に溜まった温泉水がどんどん蒸発するので、もともと濃度の低かった有機物などが蒸発とともに濃縮していきます。そうすると、単純な有機物同士の化学反応が起き始め、複雑な有機物（ＤＮＡやＲＮＡの前駆物質）が形成されやすくなることが知られています。さらに、遺伝子の解析から、共通祖先に近い原始的な微生物が好熱性であることが示されており、このことからも陸上温泉起源説が支持されています。しかしながら、冥王代の原始地球に安定的な大陸があったことを示す地質学的証拠はまだ見つかっていないという問題点があります。

宇宙起源説は、生命もしくは生命のもととなる物質が地球外の宇宙空間から地球に飛来したとする説です。宇宙空間にはアミノ酸などの生命の前駆体となるような物質が存在することが確認されており、地球に落ちた隕石の中からも多様な有機物が見つかっています。隕石が地球に落ちてくるとき、大気圏突入に伴って非常に大きな重力がかかりますが、地球上にはその重力にも耐える微生物がいることもわかっています。現在のところ、宇宙空間や隕石衝突時においてどのような有機物ができるのかという研究は多くあります。しかし、地球外のどこでどのように生命が誕生しうるのかについてはあまり議論が進んでいません。

深海熱水起源説は、深海の熱水噴出孔で生命が誕生したとする説です。現在の深海熱水活動域では350℃以上の高温の熱水が海底から噴き出しているところも多く、中には非常に原始的な微生物が生息している熱水噴出孔もあります。地質学的研究からも、40億年前から現在まで深海熱水活動が続いてきたことが示されており、冥王代の深海にも熱水活動域がたくさんあったと考えられています。この説も陸上温泉起源説と同様に、遺伝子的に共通祖先に近い原始的な微生物が好熱性であることからも支持されています。また、冥王代の地球でも深海なら隕石衝突の影響が陸上よりもはるかに小さいだろうという利点があります。一方で、深海熱水活動域には豊富に水が存在することから、陸上での水の蒸発のようなプロセスが起きないため有機物の濃縮が起きにくいという問題点も残されています。

これらの説はいまだ決着がついておらず、この生命誕生の場所についての論争はしばらく続くと予想されます。以下では、現在もっとも支持されている深海熱水起源説について詳しく紹介します。

現世の深海熱水噴出孔と全生物の共通祖先

１９７７年、アメリカの研究グループにより東太平洋の海底で熱水噴出孔が発見されました。この発見は、科学者にとって衝撃的なものでした。なぜなら、熱水噴出孔の周辺にはこれまで誰も見たことのない非常に特異な生物が群がっており、これまで暗黒不毛の場所であると考えられてきた深海底に、太陽光エネルギーに頼らない生態系（化学合成生態系）が存在することが明らかになったからです（１・２節参照）。その後、世界中の海洋底から次々に熱水噴出孔が発見され、中には地球上全生物の共通祖先といわれる原始的な微生物を育んでいる熱水活動域もあることがわかってきました。

海底から噴出する熱水は、海底下にしみこんだ海水がマグマに温められることでつくられますが、その化学組成はもともとの海水とは大きく異なります。これは、高温の熱水は化学成分の溶解度が高く、周囲の岩石との化学反応で岩石に含まれる成分を溶かし出すためです。たとえば、熱水と岩石の化学反応では、それぞれの元素の交換が起き、熱水は海水に比べて二価鉄イオン（Fe^{2+}）などの金属成分に富むことがわかっています。さらに、マグマ溜まりにあるマグマは冷却とともに脱ガスし、そこから熱水中に硫化水素（H_2S）や二酸化炭素（CO_2）が付加され、もともとの海水とは全く違う組成の熱水が発生するのです。とりわけ高温（３５０～４００℃）の

図1・4・1　中央インド洋海嶺「かいれいフィールド」の高温熱水噴出孔ブラックスモーカー
©JAMSTEC

熱水には非常に多くのFe^{2+}とH_2Sが溶け込んでおり、熱水噴出孔の直上で海水と混ざって急激に温度が下がると、黒色の硫化鉄（FeS）微粒子を沈殿させます。このような熱水噴出孔は、黒い煙を吐き出しているように見えることからブラックスモーカーとよばれ、硫化鉄などの沈殿物は煙突状の構造をつくることが多く、チムニー（煙突）とよばれています（図1・4・1）。

この熱水噴出孔に生息する微生物はどうやって生きているのでしょうか。生命はエネルギー代謝を行うことで自分の体を維持しています。私たち人間は食べたものを呼吸で吸収した酸素（O_2）を使って分解し、その際に発生するエネルギーを利用して代謝しています。熱水噴出孔という環境では、熱水に含まれる水素（H_2）、硫化水素（H_2S）、メタン（CH_4）、二価鉄イオン（Fe^{2+}）といった還元的な物質と周囲の海水に含まれる酸素（O_2）や硫酸イオン（SO_4^{2-}）といった酸化的な物質がエネルギー源になっています。たとえば、鉄酸化細菌という微生物はその名の通り熱水中に溶けているFe^{2+}を海水中のO_2で酸化して、その酸化還元反応で発生するエネルギーを利用して代謝を行っています。このような微生物は、チムニー壁内部の熱水と海水が混ざり合うごく限られた場所で活発に活動しています。

このような熱水環境で生きる微生物のなかでも特に原始的な微生物がいます。遺伝子に基づく進化系統樹によると、私たちの共通祖先の近く、つまり系統樹の根本近くに位置する微生物の多くは、H_2をエネルギー代謝に利用していることがわかっています。特に、熱水中のH_2と熱水と海水の両方に溶けているCO_2を使ってCH_4と水（H_2O）をつくるという反応からエネルギー代謝を行っているメタン生成菌が私たち生物の共通祖先であるという説が有力です（図１・４・２）。一般に、メタン生成菌は、O_2のない環境にならどこにでも存在する地球の食物連鎖における最終分解者ですが、このメタン生成菌が一次生産者として機能する微生物群集が見つかるのは、現在の地球においては非常にH_2に富んだ限られた熱水活動域のみです。

熱水中のH_2濃度は、海水と熱水が循環する海底下の岩石の化学組成に大きく影響を受けます。現在の海洋底は、マントルをつくるかんらん岩が融解して発生したマグマが固まってできた玄武

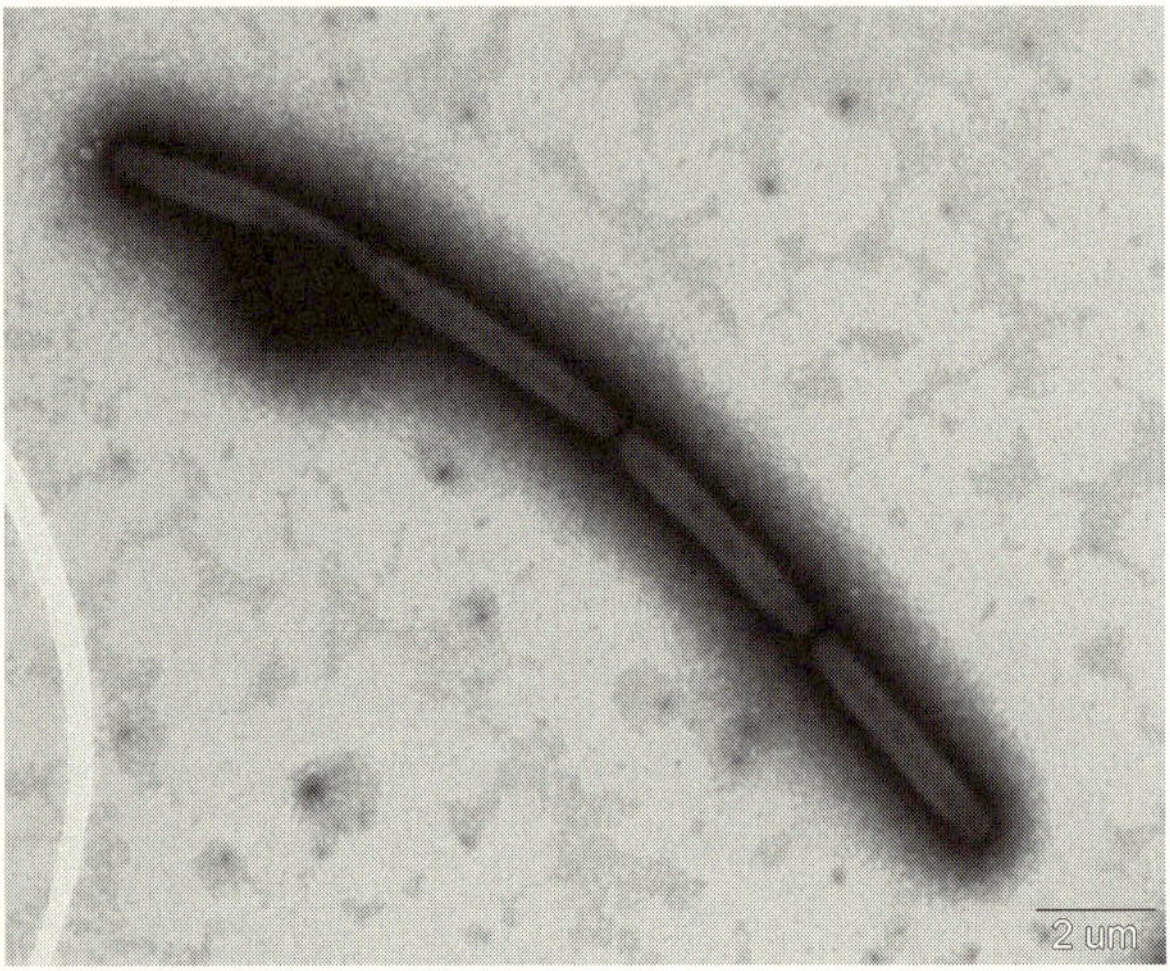

図1・4・2　中央インド洋海嶺「かいれいフィールド」から分離された超好熱メタン生成菌

高圧下では122°Cまで生育可能。

高井 研／ ©JAMSTEC

岩からなっています。この玄武岩は熱水と反応してもH_2があまり発生しないため、ほとんどの熱水活動域の熱水のH_2濃度はメタン生成菌が生きていけるほど高くありません。しかし、海洋底には、マグマの発生が少ないため、マントルかんらん岩が直接海底に露出しているような場所があり、まれに熱水活動が起きていることがあります。かんらん岩の化学組成は玄武岩とは大きく異なり、二酸化ケイ素（SiO_2）に乏しく酸化マグネシウム（MgO）や酸化鉄（FeO）に富んでいます。このかんらん岩が熱水と反応すると岩石中の主要成分の一つである酸化鉄（FeO）が酸化されて磁鉄鉱（Fe_3O_4）という鉱物ができやすいという特徴があり、この時に大量の水が還元されてH_2が発生するのです。このようなことから、マントルかんらん岩を母岩とする熱水系では、非常に高濃度のH_2が発生し、メタン生成菌のエネルギー代謝を持続的に支えることができるのです。

原始地球の海底熱水活動域

原始的なメタン生成菌が生きていけるようなH_2に富む熱水活動域は現在の地球に存在しますが、生命が誕生した当時の冥王代にもそのような環境があったかどうか考える必要があります。

冥王代の地質記録は現在の地球にほとんど残されていませんが、地質記録をさかのぼることによって冥王代の海底熱水環境について推定することができます。冥王代の後の時代である太古代（40億〜25億年前）の地質帯には当時の海底の岩石がよく残されています。中央海嶺で形成される海洋地殻を見てみると、化学組成は現在の玄武岩と大きな違いはありませんが、厚さが現在（約６㎞）の約３倍もあったと推定されています。これは、太古代のマントルが現在よりも温度が高く海嶺での海底火山活動が活発であったためと考えられています。このような場合、海洋地殻の下のマントルが海底近くまで上昇してくるとは考えにくく、現在のようにマントルかんらん岩を母岩とする海底熱水活動はほとんどなかったと考えられます。そこで、冥王代の地球では、マントルに代わってH_2を発生させうる岩石として「コマチアイト」という火山岩が考えられています（口絵1・4・1）。コマチアイトは、マントルの温度が現在よりもはるかに高かった初期地球において頻繁に噴出した超高温のマグマが冷え固まってできた岩石で、その化学組成はマントルとよく似ています。太古代のコマチアイトは、現在のハワイ火山をしのぐ巨大ホットスポット火山をつくり、海底のいたる所で噴出していたと考えられています。このような理由から、マントルの温度が高かった冥王代にはコマチアイト海底火山活動が活発であったことが容易に想像でき、コマチアイトを母岩とする冥王代の海底熱水系では多量のH_2が発生していたと考えられています。

冥王代の海水組成も現在とは大きく異なったと考えられています。冥王代や太古代には太陽の明るさが現在の70％程度と非常に暗かったため、現在と同じ組成の大気では温室効果が不足して地球は凍り付くほど寒かったと予想されますが、太古代の地質記録には液体の海洋が存在したことを示す証拠が多く残っています。この矛盾（暗い太陽のパラドックスとよばれる）を解くため、温室効果ガスである大気中のCO_2が現在の100倍以上必要であったと推測されています。一方で、現在の地球に豊富に存在するO_2は大気中に全くありませんでした。現在の地球における主なO_2の発生源は酸素発生型光合成生物ですが、光合成生物が誕生・繁栄したのは太古代のある時期になってからです。それまでは大気・海洋中のO_2濃度は非常に低く、その副産物である硫酸イオン（SO_4^{2-}）等の酸化的な物質も海洋中にほとんどなかったと考えられています。

したがって、冥王代のコマチアイトを母岩とする海底熱水活動域では、O_2やSO_4^{2-}をエネルギー代謝に利用する微生物は生きることはできなかったでしょう。しかし、海水から大量のCO_2が供給され、コマチアイトと反応した熱水からはH_2が供給されるため、メタン生成菌は十分に生きることができたと考えられます。

コマチアイト熱水実験

前述のようにコマチアイトはマントルかんらん岩と化学組成が似ていることから、熱水反応でH_2を発生させるポテンシャルがあるといえます。しかし、原始地球のコマチアイトが実際にメタン生成菌を支えられるほど高いH_2濃度を持った熱水を発生させられたかどうかを検証する必要があります。

そこで、私たちはコマチアイトと熱水の反応におけるH_2発生率を検証する実験を行いました。実験には、６００気圧（水深６０００ｍの水圧）、６００℃までの温度・圧力を発生させることができ、現在の地球上のほぼすべての熱水環境を再現できる装置を用いました。実験ではまず、現在の地球には存在しない、水と反応する前のコマチアイトを合成し、その後、合成コマチアイトの粉末と模擬海水を３００℃、５００気圧（水深５０００ｍの圧力）で約３ヵ月間反応させました。模擬海水にはCO_2を含まない場合とCO_2を大量に含む場合の両方で行いました。

CO_2を含まない条件の実験では、発生した熱水中のH_2濃度は20mmol/kg以上であり、現在の非常にH_2に富む熱水のH_2濃度に匹敵するものでした。一方、CO_2を含む条件の実験では、発生したH_2の量はCO_2が含まれていない実験のものよりも減少しました。しかし、熱水中のH_2濃度は2～3mmol/kg程度と、玄武岩を母岩とする熱水のH_2濃度よりも1桁高い値を保っていました。

したがって、原始地球の海水のCO_2濃度がある程度幅を持っていたとしても、コマチアイトを母岩とする熱水循環系では、非常にH_2濃度の高い熱水が発生していたことが確かめられたことになります。ちなみに、メタン生成菌が生きるために必要な熱水中のH_2濃度はおよそ1mmol/kgといわれていますので、原始地球のコマチアイト熱水循環系がメタン生成菌を支えるのに十分なH_2を発生させていたことが実験的に証明されたことになります。

地球外海洋と地球外生命

生命の起源に関する研究の最大の問題は、化学進化がどのような環境で起き、どのようなプロセスで生命が誕生したのか、私たちの目で見ることができないことです。現在の地球でも非生物物質から生命が誕生していれば、そのプロセスを詳しく調べることで、私たちの共通祖先の誕生プロセスを具体的に推測することができるでしょう。しかし、現在の地球には生命が満ちあふれており、非常に小さな生命体がどこかで誕生していても、それを見つけてその誕生プロセスを追うことは容易ではありません。また、生命誕生にいたる化学進化が起きていても、生命体まで進化するまでに有機物が分解したり、現存する生物に消費されてしまったりしている可能性が高いのです。このような問題を解決する唯一の方法は、地球外の海洋で今現在起きているかもしれない生命誕生プロセスを実測に基づいて詳しく調べることです。

私たちの共通祖先である可能性があるメタン生成菌は、熱水環境に持続的に供給される化学エネルギーのみで生きており、太陽光エネルギーや光合成の産物であるO_2やSO_4^{2-}などに全く依存していません。このことは太陽光が届かないような地球外の天体でも海底熱水活動が起きていれば、天体内部から供給される化学エネルギーのみで生きる原始的微生物が誕生しているかもしれないということを意味しています。つまり、私たち生命体は地球上のどこでどのように誕生したのか？　という問いに答えるための糸口が地球外の海洋にもあるということなのです。

１９５０年代後半から続く太陽系探査によって、地球より内側の軌道を回る水星や金星の表層は非常に高温の灼熱《しゃくねつ》環境のため水は完全に蒸発しており、地球の外側を回る火星、木星、土星などでは極低温環境のため水はほぼ完全に凍りついているということが明らかになりました。これは、液体の水が豊富に存在する太陽系天体は私たちの生きる地球だけであるということを示しています。しかし、近年の探査の結果、現在の太陽系の水が凍りつくほどの環境でも、地球の南極の氷床の下に広がる湖のように、局所的にでも温度や圧力の条件が整えば厚い氷の下に液体の海洋が存在する可能性があることもわかってきました。こういった液体の水のあるような場所でなんらかの地質活動が起きていれば、地球の海底熱水活動域のような環境があるかもしれません。したがって、近年では土星や木星といった巨大ガス惑星の周りを回っている氷と岩石でできた氷衛星に注目が集まっています。

土星衛星エンセラダスの海底熱水活動

エンセラダス（エンケラドス、エンケラドゥスともよばれる）は、土星の第二衛星で岩石の中心コアとそれを覆う厚い氷地殻からなる直径約５００㎞の小さな天体です。これまでは、このような極低温の氷天体には生命はもちろん液体の水も存在しないと考えられてきました。しかし、２００５年にＮＡＳＡの探査機カッシーニによる観測によって、エンセラダスの南極付近には大規模な氷の割れ目が存在し、そこから塩化ナトリウム（NaCl）などの塩分や炭素・窒素化合物を含む氷や液体の水が宇宙空間に放出されているのが発見されました（図１・４・３）。このことは、氷地殻と岩石コアの間には液体の海洋が存在し、海底で岩石と海水が反応して塩分が海洋に溶けだしていることを意味しています。つまり、地球の深海底と同じような環境がこの小さな天体にもあることが明らかになったのです。

この宇宙に生命が存在するための基本的な三大要素として、液体の水、炭素や窒素といった生

図1・4・3　NASAの探査機カッシーニにより撮影されたエンセラダス

南極付近にある大規模な氷の割れ目から内部の海水が宇宙空間に噴き出している。

命の体を構成する主要元素、そして生命が自身を維持するためのエネルギーがあげられます。このことを考慮すると、エンセラダスには液体の水と生命の体を構成する主要元素の二つの要素があることが証明されたといえます。一方、残りの一つの要素である生命を維持するためのエネルギーの存在については当時のカッシーニ探査では発見されませんでした。しかし、氷に覆われたエンセラダスの地下海には太陽光エネルギーは届かないものの、地球の深海熱水活動のような地質現象が起きていれば岩石コアから放出される化学エネルギーを利用する生命が生きているかもしれないのです。

そして2015年、カッシーニ探査機によるさらなる詳細な観測の結果が発表されました。ナノシリカ（直径10nmほどのSiO_2からなる粒子）とよばれる非常に小さな物質がエンセラダスの地下海に存在することが明らかになったのです。シリカは岩石と熱水の反応で温度が高いほど熱水に溶け出すという性質を持ち、地球の温泉などでは温度が下がることで析出する、地球上では普遍的な物質です。地球の海底熱水活動域でも、岩石と熱水が反応することによってシリカ成分が熱水に溶けだし、その高温の熱水が海水と混ざることによって温度が下がりシリカが沈殿します。そこで、このナノシリカがエンセラダス地下海で沈殿する条件、つまり、岩石と熱水が何度以上で反応すれば海水と熱水が混ざった時にシリカが沈殿するのか、という条件を調べるために、私たちは水－岩石反応実験を行いました。

さまざまな温度条件でエンセラダスの海水と岩石の反応を実験的に再現した結果、地下海でシリカが沈殿するためには岩石コアと海水が少なくとも90℃以上で反応していなければならないことが明らかになりました。つまり、エンセラダス地下海の海底で現在も熱水活動が大規模に起きており、熱水活動を通して岩石コアから内部海に化学エネルギーが供給されていることがわかったのです（口絵1・4・2）。これにより、エンセラダス地下海には生命が存在するための基本的な三大要素がすべてそろっていることが証明され、地球外生命存在の可能性が飛躍的に高まりました。

宇宙における生命の起源

エンセラダスは、この太陽系のなかで地球外生命発見への大きな期待が持てる天体になりました。しかし、エンセラダス以外にも岩石コアと海洋を持つ天体が確認されています。たとえば、木星の氷衛星エウロパも氷地殻の下に大規模な海洋を保持していることがわかっています。さらに、エウロパの海洋には比較的酸化的な物質であるSO_4^{2-}も存在すると考えられています。この場合は、SO_4^{2-}と熱水から供給されるH_2を使ってH_2SとH_2Oを作り出すという酸化還元反応を利用してエネルギー代謝を行う硫酸還元細菌のような生命体が存在するかもしれません。さらに、将来の探査で生命の痕跡が見つかれば、その生命がどのような水環境でどのように生きていたのかがわかるはずです。また、生命の痕跡が見つからなくとも、非常に高分子化した有機物等の痕跡が見つかれば、その水環境で起きていた化学進化プロセスを物質的に検証することも可能になります。

このように、地球外海洋の探査によって、さまざまな水環境とそこでの生命誕生・存在可能性についての研究が進めば、地球における生命の起源研究にこれまでとは違う角度からアプローチすることが可能になるでしょう。特に、エンセラダスやエウロパの地下海という太陽光エネルギーが届かない水環境で化学進化が進んでいたり生命が誕生していたりすれば、これらの天体は冥王代の地球における生命の起源「深海熱水起源説」を検証するための重要なモダンアナログ（現在の相似物）となるのです。

1・5 海底下生命圏

「真っ暗な海の底」のさらに下の世界

太陽光の届かない深い海の底、海底に降り積もった泥の中にはどのような世界が広がっているのでしょうか。深海は潜水調査船などを用いればアクセスすることができますが、海底下の泥の中に人間を乗せて潜っていくことのできる乗り物はいまだ存在しません。ここでは、人類が入り込むことのできない海底下の地層の中で生き物が暮らす「海底下生命圏」を紹介します。

これまでの調査によって、深海や深海底には多様な生き物が生息していることが知られるようになりました。この深海の海底のさらに下にある泥の中にどのような生き物がいるのか、どうやったら調べることができるのでしょう。海底から1ｍくらいまでの泥の中には、そこをすみかとする底生生物が存在しています（Jørgensen and Boetius 2007, Orsi 2018）。泥の中を這い回り、掘り進んで餌を食べている生物もあり、その「這いあと」の痕跡が海底下深部の地層から見つかることもあります。これくらいの深さの地下であれば、船からつり降ろした採泥器や、探査機のロボットアームを使って採取した短いコア試料から調べることができます。しかし、さらにもっと奥深くの地層はどうでしょうか？

海底下の生命を探る

海底下の生き物の調査について報告が見られ始めるのは1940～1950年代のことです。まず、浅い海底の泥に、多様な微生物が存在していることが1940年代半ばに、アメリカの微生物学者によって報告されました（Zobell 1946）。そのころ、より水深が深く、陸からの栄養供給が乏しい遠洋の海底下では、ほとんど生命は存在しないであろうと考えられていました。1950年代になって、カリフォルニア大学のリチャード・モリタ博士とクロード・ゾーベル教授らは、北太平洋の中央付近で、ピストン採泥器とよばれるパイプ状のツールを水深5000mの海底に突き刺し、海底下の堆積物を採取しました（Morita and ZoBell 1953）。引き上げた採泥器の中に入っていた堆積物を深さごとに切り出し、培養したところ、海底近傍の浅い堆積物からは微生物が生育しましたが、海底下7～8mより深いところの堆積物からは、微生物の生育が認められませんでした。遠洋域の堆積物は、1000年あたり2～3㎜ほどしか積もらないため、7～

８ｍの深さにある堆積物は、少なく見積もっても数百万年前に堆積したものと考えられます。「栄養の乏しい環境で数百万年も経過してしまうと、いかに微生物といえども全滅してしまうのだろう」とモリタ博士らは考え、当時としては海底下の生命圏は、海底下７〜８ｍくらいまでしか存在しないだろうと結論付けました。

その後、海底下生命研究が再び大きな進展を見せるのは、１９８０年代後半からです。イギリスのジョン・パークス博士らは、国際協力プログラムとして世界の研究者が参画した深海掘削計画（Ocean Drilling Program：ＯＤＰ）において、アメリカの研究船ジョイデス・レゾリューション号の研究航海に参加し、世界各地の海底から海底下堆積物試料を採取し、微生物研究用の試料を持ち帰りました。泥の中に存在する微生物細胞のＤＮＡを染色し、直接顕微鏡で検出する技術を用い、パークス博士らは、泥中に含まれる細胞を数えました。その結果、微生物細胞がそれまで考えられてきたよりもかなり深い地層にまで存在することを発見しました（Cragg et al. 1990, Parkes et al. 1990, 1994, 2000）。しかも、その存在は特定の場所に限らず、調査を行ったほぼすべての場所で海底下数百ｍまでの堆積物中に、実に１㎤あたり１００万〜10億細胞もの微生物が見つかったのです。地層の上にある海水には、通常１㎤あたり１万〜10万細胞程度しか存在していませんから、海底下の環境に海水の10〜１万倍の数の微生物細胞が存在しているということは驚きでした。

これらの成果が大きなきっかけとなり、その後２０００年代にかけて海底下生命圏研究が大きく進展していくことになります。この間、年ごとに微生物発見の最深記録が更新され、２０１５年には、水深１・２㎞の海底下約２・５㎞に微生物細胞が存在していることがわかりました。

海底下の暮らし：大陸沿岸編——降り積もる有機物をゆっくり食べる

海底には、マリンスノーとよばれるプランクトンの死骸や、陸から風や海水の流れで運ばれてきた砂や塵《ちり》、海水とその成分が反応して沈殿する化学的堆積物、まれに火山噴火によって放出された火山性砕屑物《さいせつぶつ》などが積もってゆきます。これが海底下に形成される地層の正体です。基本的には湖などに堆積する地層と似通ったでき方ですが、海底の場合は、常に深い水の中にあり、かつ地殻変動に伴う大規模な海底地すべりなどが起こらない場所では、一旦堆積した地層が比較的安定して保存されています。堆積してすぐは、底生生物が捕食のために動き回ってかき回すため、地層に乱れが生ずることがあります。また、一部では深海を流れる底層流によって削られることもあります。しかし、地層は基本的に堆積した順に固定され、埋積してゆきます（図１・５・１）。

世界中の海底の95％は太陽の光が届かない深度にあり、温度は４℃以下、圧力は水深によりけりですが、数十気圧から１００気圧以上に達する高圧環境です。陸に近い沿岸域の海底下では、

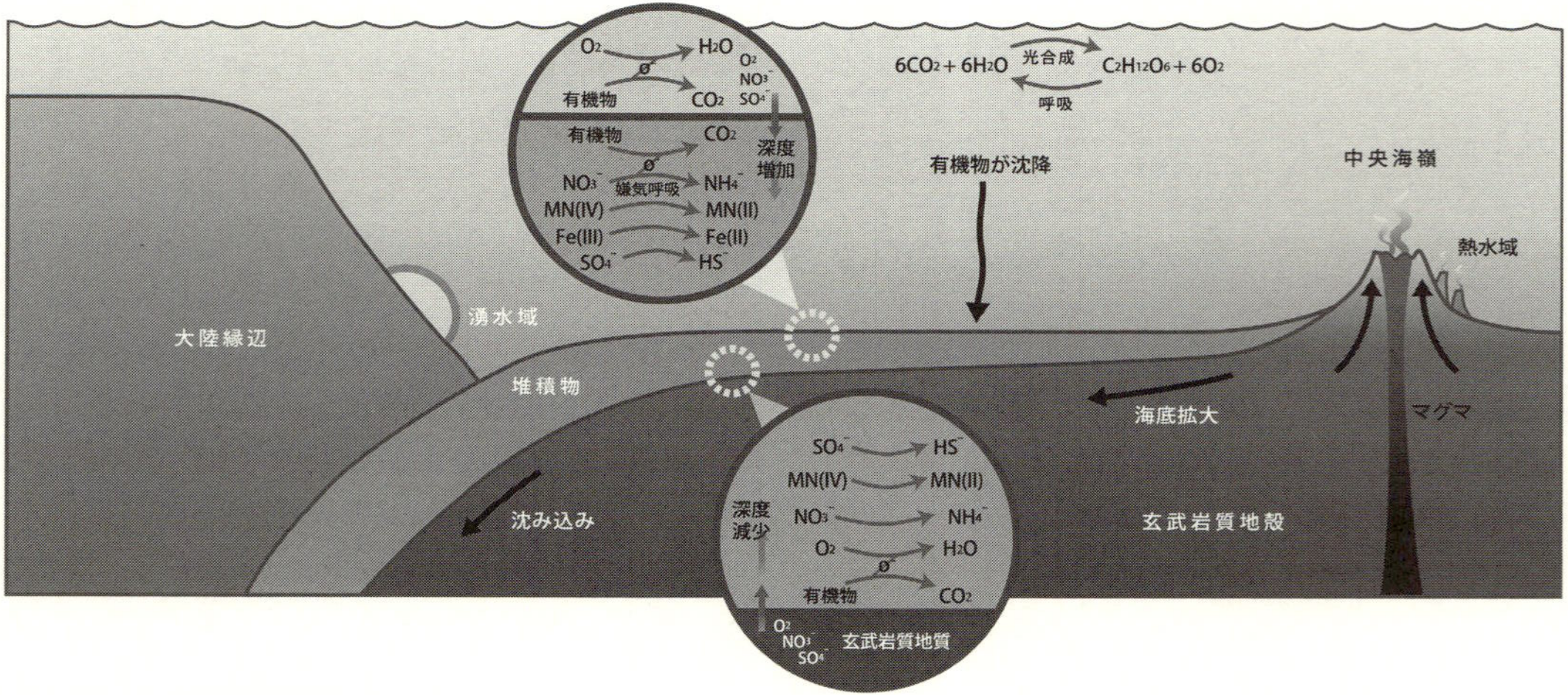

図1・5・1　海底堆積物の形成
丸の中は微生物の代謝によって起こる各種反応。

酸素がない場所がほとんどです。海水中にはたくさん酸素があるのに、なぜ海底下にはないのでしょうか。それは海底堆積物自体の構造的特徴と、そこに棲んでいる微生物の活動が関係しています。

堆積物の中への酸素の供給は、泥の上にある海水から徐々に浸透する「拡散」に頼るしかありません。拡散によって地層中へ酸素が運ばれる速度が、そこで微生物が酸素を消費する速度より小さくなると、海水からの酸素供給が追い付かなくなり、海底下が無酸素状態になります。このような環境で酸素呼吸をせず生きる微生物のことを、嫌気性微生物といいます。無酸素となる海底下環境には、この嫌気性微生物が存在していると考えられていました。嫌気性微生物たちは、酸素の代わりに硝酸や硫酸などの還元反応によって呼吸します。

2002年には世界で初めて、海底下生命圏の探査を主要な科学目標としてODP第201次航海が実施されました。この調査ではペルー沖を掘削し、掘削サイトにおいて微生物の代謝に伴って形成される化学物質濃度の勾配と微生物細胞、およびその代謝活動との関連性が調べられました。アメリカのドント博士とドイツのヨルゲンセン博士が共同首席として主導した国際研究チームが、掘削試料中の化学物質濃度を計測したところ、硝酸や硫酸だけでなく、マンガンや鉄、炭酸やメタンの濃度が深度とともに変化することが見いだされました。このことは、それまで海底付近で計測された化学物質濃度分布から予想されていたより、はるかに多様な物質を利用した嫌気性微生物の呼吸反応が起こっていることを示していました（図1・5・1）。海底下に広がる多彩な微生物の「生き様」が垣間見えた成果でした。それだけでなく、海底下の微生物が暮らす「時間スケール」に関する知見も得られました。化学物質の濃度パターンから、微生物の代謝速度を計算することができます。計算の結果、海底下の微生物は陸上の生物に比べ、とてもゆっくりとした代謝を行っているという推定も得られました。この現象は、「海底下微生物が利用できる有機物栄養源の供給や、呼吸に使う化学物質の拡散の速度が遅いことに起因する」、つまり「ご飯が食べられなかったり、息ができなかったりするのでゆっくり生きるしかない」ためと考えられています。

海底下環境へマリンスノーなどとして降り積もる有機物炭素は、平均して1年あたり1㎡に1g程度しかないといわれています（Jørgensen and Boetius 2007）。これは、砂糖に換算すると大体2・4gくらいです。1㎡、1㎝の厚みの海底表層堆積物には、数兆から数十兆細胞の微生物が存在します。これだけたくさんの微生物が年間2・4gの砂糖相当の有機物で生きる、しかも分解が難しい物質も含まれているので全部食べられるわけではなく、実質の栄養源はもっと少ない環境です。海水よりもたくさん細胞が存在している海底下ですが、微生物たちは私たちの想像を超えた厳しい栄養状態を耐え忍んで生きているようです。

海底下の暮らし：遠洋環境編——超栄養欠乏環境でのサバイバル

酸素が豊富にある海底下環境も見つかっています。南太平洋の真ん中にそれはありました。太平洋や大西洋のような大洋では、地球の自転による慣性力（コリオリの力）によってぐるーっと円を描くような海流が発生します（図１・５・２）。環流とよばれる海流ですが、円を描くように流れるため、陸から流れ出してくるさまざまなものがこの流れに乗って循環します。その結果、環流の流れの内側は、陸から流れてくる栄養塩を含めた物質の供給から隔離されることになります。そのため、植物プランクトンに栄養が供給されず、プランクトンが増えることができなくなってしまいます。植物プランクトンは小さく目に見えませんが、その量は海水の濁りとして識別することができます。一般的に環流の内側では植物プランクトンが少ないため、とても透明度が高く、澄んだ海水になります。

この澄んだ海水は、どのようにその下の海底下と関連しているのでしょうか。少し前に、海底下の微生物の主な栄養源は、マリンスノーなどに由来する有機物と紹介しました。マリンスノーはプランクトンの死骸などでできています。この透明度が高い海水には、マリンスノーのもととなるプランクトンがほんの少量しか存在しないのです！　ただでさえ厳しい栄養状態に置かれている海底下の微生物たちは、もっと過酷な「極限的な飢餓状態」に置かれてしまうと考えられま

図1・5・2　広域にわたって環のようにめぐり流れる海流（環流）
地球の自転によるコリオリの力によって引き起こされる。北半球では時計回り、南半球では反時計回りの循環となる。©JAMSTEC

す。

　このような環境でも微生物は存在しているのか、存在しているとしたら、どうやって極限状態を生き抜いているのか。その謎に迫るため、アメリカのドント博士と日本の稲垣博士が共同首席研究者となり、南太平洋環流域での掘削調査が２０１０年に実施されました（D'Hondt et al. 2015）。南太平洋環流域では、海底に積もる堆積物の形成速度がとてもゆっくりです。日本の東北地方沿岸部などで、海底に降り積もる堆積物の厚さは、大体１年で０・１～０・５㎜くらいです（Aoike 2007）。これは、１０００年かけて数十㎝積もるくらいの速度です。これに対し、南太平洋環流域での堆積物は１年で０・００１㎜くらいですので、１万年たっても１㎝、１００万年で１ｍしか積もりません。この掘削調査で得られた一番古い堆積物は約1億年前に堆積したものでした。先ほど、海底下の微生物は厳しい栄養状態にさらされていると書きました。それよりさらに数百倍も過酷な状況がそこには存在したのです。そして、そこに微生物は……いました。もちろんたくさんいたわけではなく、その数は大陸沿岸域のそれと比べて1000分の1以下くらいでしたが、約1億年前に堆積した海底下堆積物中にも、微生物細胞が発見されました。

ペルー沖で実施されたのと同じ化学物質濃度測定を、南太平洋環流域の掘削試料で実施してみたところ、驚きの結果が得られました。大陸沿岸域では海底面近傍で速やかに消費されてしまう酸素が、海底下100mの堆積物にまで浸透していたのです。さらに、嫌気性微生物が呼吸に使う硝酸は、深度によってほとんど変化していませんでした。大陸沿岸域では酸素が海水から拡散して浸透する速度より、酸素を微生物が呼吸によって消費する速度の方が速いために無酸素状態になると説明しました。この南太平洋環流域では栄養源が極限的に限られるため、必然的に酸素を消費する微生物の代謝活動も低くなってしまい、拡散による酸素の浸透が勝り、酸素は海底下100mにまで達していたと考えられたのです。

では、その消費速度はどれくらい遅いのでしょうか？　堆積物中の酸素濃度が深度によって変化する様子から、海底下の各部分での酸素消費速度を計算することができました。その結果、南太平洋環流域の堆積物1㎤あたりの酸素消費速度は、なんと大腸菌1細胞が消費する速度の10

0分の1～10分の1程度であることがわかりました。南太平洋環流域の堆積物は少ないといっても1㎤あたり数千から数万細胞の微生物がいます。それだけの細胞がいるのに、全体で大腸菌1細胞の酸素消費速度よりも遅い、こんな極限的に遅い代謝速度でどうやって細胞を維持しているのでしょうか。われわれ人間の生命活動とは次元の違った「生き様」が海底下にはある、ということを示しています。

この成果は、海底下という環境は多くの微生物生命を育む場所である一方で、温度や圧力、または栄養の供給という面では、とても生きるのが難しい極限的な環境であることを示しています。また、微生物が生育し、さまざまな化学物質を消費することで環境が変化し、それが微生物の生息場所、生息環境を形作っていくという側面も見えてきたのです。

海底下生命を探求する、ということ

これまでの話では、海底下で生き物、微生物を探してみると必ず発見されています。そう、「生き物がいない場所」って出てきてないのです。モリタ博士とゾーベル教授が海底下に微生物を発見して以来、海底下生命圏は拡大を続けてきました。いえ、生命圏自体が拡大しているわけではなく、（おそらく）ずっとそこにいるのですが、私たち人間の知識、認識としての海底下生命圏が拡大してきたのです。この知識・認識拡大の歴史は、実は技術革新の歴史でもあります。

次は、生命を見つけるための技術と、その重要性について紹介してみたいと思います。「いない」と「見えない」は同じ意味でしょうか？　逆の言葉「いる」と「見える」はどうでしょうか。実は海底下生命圏の研究では、頻繁に「いる」けど「見えない」ということが起こります。海底下に限らず、微生物細胞はとても小さく、１０００分の１㎜くらいのサイズしかないので、目では見えません。また、小さいので、一つの細胞をつまみ上げたりすることもできません。漫画『もやしもん』では、主人公がコウジカビや酵母の細胞を自分の目で見たり、つまみ上げたりしていますが、その能力は全世界の微生物学者が夢見ながら果たせない、まさに魔法です。科学者たちはそのような魔法が使えないので、小さな微生物をさらに小さな穴の開いた、メンブレン（膜）とよばれるプラスチックでできたシートの上に捕集します。メンブレンには微生物の大きさよりも小さい、直径１万分の２㎜の穴が開いています。これで海底下の堆積物をろ過すると、微生物はメンブレンの上に残り、染色して顕微鏡で観察することができます。しかし、このやり方では微生物の「見える」限界があります。堆積物中にある、細胞ではない塵や小さな石のかけらも一緒にメンブレンの上に捕集されてしまい、メンブレンが詰まってしまうので、１㎤あたり１万細胞を下回るような試料では、微生物が「いる」けど「見えない」状態が生じてしまうのです（口絵１・５・１）。

この問題を解決するため、堆積物から細胞を取り分ける方法が開発されました。皆さんは「死海」という湖をご存知でしょうか？　アラビア半島北西部に位置する塩湖で、塩分が通常の海水の10倍の30％もあります。高塩分を含む湖水の密度が高く、浮力が大きいため人間は簡単に浮かびます。新聞や本を読みながら浮かんでいる人の写真を見たことのある方もいるのではないでしょうか。微生物を取り分けるときも、「浮かぶ」という現象を利用します。特殊な試薬を使って水よりも1・5倍から2倍比重の大きい水溶液をつくり、その上に細胞とそれ以外の粒子を含む堆積物の懸濁液を載せます。この溶液を遠心分離機にかけると、比重の小さい微生物は浮かび、比重の大きい塵や小さな石のかけらは下に沈みます。この上澄みだけをすくい取ってやることで、微生物を堆積物から分離することができ、「見える」範囲を1㎤あたり数細胞程度までぐっと下げる（検出感度を上げる）ことができます（図1・5・3）。

もう一つ、「いる」けど「見えない」状態になってしまう問題があります。陸上微生物による汚染です。陸上、特に実験をする人間には、手の表面や口の中など、いたる所に微生物が棲んでいます。また、空気中にも浮遊している微生物がいます。たとえば海底下から掘削してきた試料を素手でべたべた触ってしまうと、手の表面にいる微生物が堆積物に混ざってしまい、どれが海底下から来たものなのかわからなくなって、試料中にもともと微生物がいたのかいなかったのかが「見えなく」なってしまいます。せっかく見つけ出す方法を高感度化しても、試料を陸上の研究施設で汚染してしまったら台無しです。

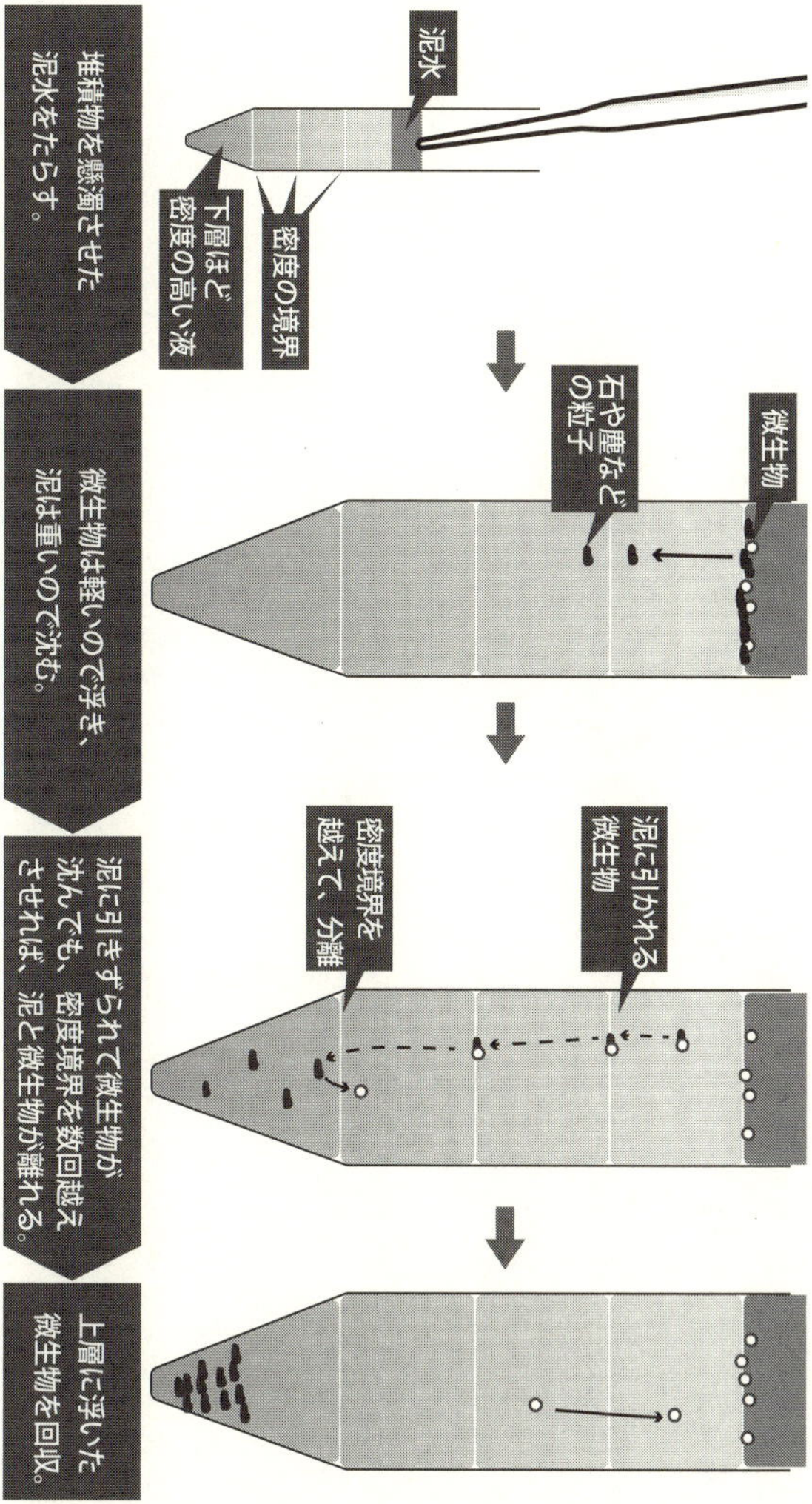

図1・5・3　比重による微生物細胞と堆積物中の塵や石のかけらとの分離　©JAMSTEC

ですので、試料はクリーンルームの中で細心の注意を払って扱います。海洋研究開発機構高知コア研究所にあるスーパークリーンルームは、クリーンルームとしては最高レベルの空気清浄度を持ち、PM2・5のさらに10分の1以下のサイズの塵であっても一つも浮いていません。もちろん花粉も飛んでおらず、花粉症でお悩みの方々にとっては夢のような空間かもしれません。

実は、海底下の微生物を検出する感度にかけては、日本が世界で一番です。海底下の試料を扱うこのようなクリーンルームは、世界でここにしかありません。このような環境で海底下の試料を扱うこと、そして手袋やマスクを使って私たち人間の体に存在している微生物を混合させないこと。書き出すとシンプルですが、このようにしっかり注意して実験することで、世界最高レベルの微生物検出が可能となるのです。

海底下に棲む微生物ってどんなやつ？

ここからは、どのような微生物がそこに存在するのか、どのような機能を果たす微生物がいるのかを紹介してゆきたいと思います。

大陸沿岸域の海底下環境は、その大部分が酸素のない嫌気的環境です。酸素を使った呼吸をする生物がこれだけ繁栄しているのは、そこから得られるエネルギーが大きいからです。酸素を使った呼吸とそのほかの物質を使った嫌気的呼吸では、エネルギーの発生効率に大きな違いがあり、酸素を使った方が圧倒的に高い効率でエネルギーを得ることができます。そのため、海底下に酸素がある場合には、まず先にそれが使われます。大陸沿岸域では海底下数㎝で酸素が消費しつくされ、そこからは嫌気的呼吸で生きる生物の世界が広がります。この嫌気的呼吸のなかでもエネルギー効率の違いがあり、呼吸に使われる物質は、より効率の高い順に消費されていきます（硝酸＞マンガン＞鉄＞硫酸の順）（図１・５・１）。

さらにこれより深いところでは、微生物がメタンをつくります。皆さんも日本の近海の海底下に存在する「メタンハイドレート」の話を耳にされたことがあるかもしれません（３・２節参照）。このメタンハイドレートの一部は、海底下の微生物活動によってつくられています。深い地層中でメタンが生成される一方、海底下数ｍのところでは、逆にメタンが消費される反応が起こっています。「嫌気的メタン酸化」という反応ですが、この反応によって、通常、海底から数ｍくらいまでの深さではメタンがほとんど存在していません。メタンは二酸化炭素の25倍の温暖化効果を持つといわれています。海底下の微生物活動は、エネルギー資源として注目されるメタンハイドレートを生成する重要な役割を担う一方、メタンによる温暖化を抑止するバリアーとしても働いている、という考え方をする人もいます。微生物の活動の結果として海底下の環境が変化し、変化した環境に合わせて微生物が棲む場所を変えてゆく、「ニワトリとタマゴ、どっちが先だ？」という議論と似たような（「環境と微生物活動、どっちが先？」）状況です。実際は、環境と微生物が相互に影響しあい、それが拮抗した状態で、現在見られる海底下の微生物代謝ゾーンを形作っています。

このような代謝を行いながら、ゆっくりとした生活を送っている微生物たちですが、海底下の堆積物からDNAを抽出してその配列を解読してみると、陸上にいる微生物とは異なった海底下独特の微生物群集で構成されているのがわかりつつあり、微生物学者の頭を悩ませています。この独特の微生物群集で構成された海底下の微生物群は、どうやって形作られたのでしょうか。生命の進化はDNAを複製する時に起こるエラー（間違い）から生み出される多様性と、生物を取り巻く環境による選択によって駆動されると考えられています。海底下の環境は、栄養が豊富なのは海底面のごく近傍だけで、それより深くに広がる海底下生命圏のほとんどは、栄養に乏しい環境です。このような深部環境で生きる微生物は、そのDNAの複製に伴う細胞分裂も著しくゆっくりであると考えられ、一つの細胞が二つに分裂するのにかかる時間は、数年から数千年ともいわれています。こんなにゆっくりと生きている微生物たちが、海底下で独自の進化を遂げることができるでしょうか。どうやって海底下独自の微生物群集をつくることができるのでしょうか。もし、それができないとしたら、海底下にいる微生物はどこかほかからやってきたのでしょうか。海底下に存在する独特な微生物群集が形成された謎の裏には、私たちがまだ知らない進化のメカニズムが隠れているのかもしれません。

海底下生命圏とその限界

地球上のさまざまな場所で掘削が実施され、試料が採取されて研究が進められてきましたが、これまでのところ、掘れば掘っただけ、微生物が見つかっているという状況で、いまだに「海底下生命圏の果て」を見つけた人はいません。海底下深く、ということは、高温・高圧の地球中心へ近づくことを意味します。海底下深く、高圧で水が沸騰する温度（数百℃）を超え、いったいどこまで生命が存在できるのでしょうか？

さまざまな注意を払って、高感度化が突き詰められてきた細胞検出は、現在では1㎤あたり数細胞程度までの検出感度を有するようになりました。生命圏の「果て」を見つけるために、分析はどこまで高感度化されればよいのでしょうか。「生命圏の範囲」とは、いったいどこまでをさすのでしょうか。細胞が1㎤あたり1細胞以上？　それとも1㎥あたり1細胞？　実は、生命圏の範囲を決めるというのは生命がいないところを見つけることであり、「いない」と「いるけど見えない」の境目を決めることなのです。「存在しないことを証明」することは、法律学上の比喩で「悪魔の証明」ともいわれる非常に困難な課題です。生命がいるところを探すのは細胞を見つければよいのですが、生命が「いない」ということは、どれだけ探しても生命が見つからない、ということで、この「どれだけ」というのが非常に曖昧です。そのため、細胞を検出するだけでなく、化学物質の濃度の変化から生命活動の速度を見積もるなど、生命活動を間接的に知る方法も併せて、総合的に判断することになります。２０１６年には高知県の室戸岬沖で統合国際深海掘削計画（ＩＯＤＰ：２・４節参照）の第３７０次研究航海「室戸沖限界生命圏掘削調査：Ｔリミット」が実施されました。この掘削で得られた試料を用いて、生命圏の限界に関する研究が現在盛んに進められています。海底下に存在する岩石の中にも生命が存在するということも最近わかってきました。生命はそこに存在し、私たちはそれを見つけて海底下の生命に関する知識を広げている最中です。これからも、生命圏の限界に迫る海底下の調査は続いていきます。さて、皆さん。どうやって、どこを「生命圏の果て」としたらよいと思いますか？

第2章

深海と地震

2・1 プレートテクトニクスは深海から

プレートテクトニクスは深海で起こっている

地球の変動を引き起こすプレートテクトニクスは、海洋プレートが駆動しています。海洋プレートの運動によって、地球内部の物質が中央海嶺から地球表面（海底）にもたらされて海洋プレートをつくり、この海洋プレートが海溝から地球内部に還《かえ》ってゆくサイクルを通じて地球は変動し、また地球をつくる物質は物質化学的・構造的に進化してきました。海洋プレートは深海底にあり、海嶺や海溝などのプレート境界のほとんども深海底にあります。それゆえ、深海底の地質・地球物理探査、その結果明らかになった海底で起こる現象の理解が、プレートテクトニクスの発見とプレートテクトニクス理論の発展に大きな役割を果たしました。深海底の調査は、第二次世界大戦後の1950年代以降に本格的に行われるようになりました。

プレート同士が離れる境界――中央海嶺

地球の表面は球殻をつくる複数枚の硬い岩盤（プレート）で覆われています（口絵2・1・1、図2・1・1）。海底を形作る海洋プレートは、海洋地殻のつくる層と最上部マントルが冷えて硬くなったリソスフェアからできています。海洋プレートはマントル対流に乗って、それぞれの方向に動いています。プレートの相対運動方向が違うため、プレートとプレートが接する境界には、プレート同士が離れる、プレート同士がすれ違う、プレート同士がぶつかる、という3種類があります。海底の大地形は地球のプレートテクトニクスと関係しており、3種のプレート境界にはそれぞれ特徴的な地形があります。海底地形は音波を使って計測します。深海には光や電波が届かないので、水を伝わりやすい音波を使うのです。調査船から音波を送信し、海底から反射・後方散乱してくる音波を受信し、音波の往復にかかった時間と海中音速を掛けることにより水深を求めます。

海底地形調査の早い頃から、深海底には長大な海嶺がそびえていることがわかっていました。地球を野球のボールに例えれば、その盛り上がった縫い目のようなものです（口絵2・1・1、図2・1・1）。その長大な海嶺はプレート同士が離れる境界にあり、中央海嶺とよばれます。離れていくプレート境界では、引き裂かれた二つのプレートの間を埋めようと、新たな海洋プレ

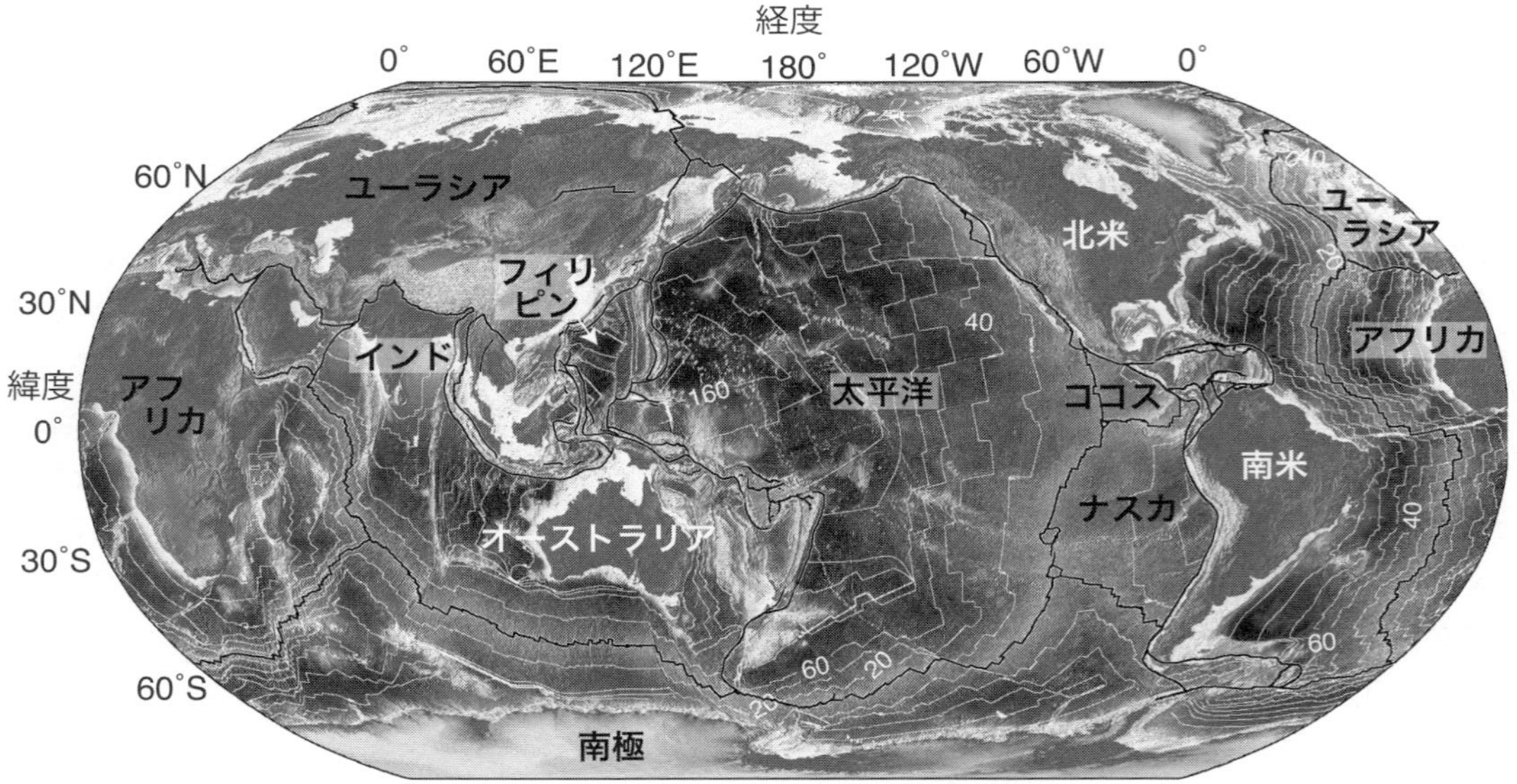

図2・1・1　世界の海底地形、主なプレート、プレート境界と海底の年代分布

黒実線がプレート境界、白線の等値線が海底年代を示す（単位はMa：Mega Annum，100万年前）。

プレート境界はBird（2003)、海底年代はMüller et al.（2008)に基づく。

ートが形成されます。広がる海嶺下に上昇してくるマントルや、そこから発生したマグマが隙間を埋め、プレートが形成され続けるのです。海洋プレートは軸対称に両側に広がっていくことから、このプレート境界は拡大軸ともよばれます。プレート拡大軸のできたてのプレートは、温度が高く厚さはまだ薄いため密度が低く、浮力によって高まりをつくって長大な中央海嶺をつくります。世界の中央海嶺の総延長は、地球1周半ほどにあたる約7万kmにおよびます。

この中央海嶺で発生するマグマは現在の地球上のマグマ生産率の60～80％を占め、5～7kmのほぼ一定の厚さを持つ海洋地殻を生産し続けています。すなわち、中央海嶺は海底にある長大な火山山脈なのです。海洋地殻の構造は地震波探査によって明らかになりました。近代的地震波探査の方法については後に紹介します。標準的な火成岩の海洋地殻は、マグマが噴出して固化した玄武岩溶岩・岩脈層の上部地殻（厚さ約2km）と深部で固化した斑れい岩層の下部地殻（厚さ約4km）で構成されています。地震学的には上部地殻は第2層、下部地殻は第3層という地震波速度層で認識されます。第2層の地震波P波速度は空隙などによって幅があり4・8～6・2km／秒です。第3層は6・6～7・0km／秒です。この海洋地殻とその下の最上部マントル層であるマグマが抜けたかんらん岩層との境界が、海洋におけるモホロビチッチ不連続面（モホ面）です。最上部マントル層の速度は8・0km／秒前後です。海底にいる年月の経過とともに、火成岩の海洋地殻の上に堆積層が乗ります。堆積層は第1層という地震波速度層です。

海底に謎の縞縞――地磁気縞状異常

中央海嶺から海底が拡大するという考え、すなわち「海底拡大説」の有力な証拠は、海洋の地磁気調査から得られました。海の地磁気調査には、水素原子核の核磁気共鳴現象を利用して磁場強度を測定するプロトン磁力計が広く用いられています。調査船の船尾から磁力計センサーを曳《えい》航《こう》して地球磁場の強度を測ります。地球の磁場はその大部分が地球中心部の金属コアのうち、液体金属からなる外核に起源を持っています。この大きな構造をつくる地球磁場からの局所的なずれを地磁気異常といいます。地磁気異常の主な原因は、磁場を持った低温の地殻岩石や最上部マントル岩に由来する岩石磁気に起源を持つ磁場です。

マグマが冷え固まってできる岩石（火成岩）は、熱残留磁化というしくみで強い磁化を獲得します。マグマから結晶化した磁性鉱物（磁鉄鉱など）を持った岩石が、高温の状態から地球磁場中で冷え、キュリー点とよばれる臨界温度（約200〜600℃）を下回ると、磁性鉱物は不可逆な磁化を示します。岩石全体としては周りの磁場と同じ方向、周りの磁場強度に比例した強さで磁化が獲得されます。このしくみで獲得した熱残留磁化は安定で、岩石が常温まで冷却すると何十億年間も保存されます。ちなみに、キュリー点の発見者は、妻であるマリー・キュリー博士とともにノーベル物理学賞を受賞した、ピエール・キュリー博士です。

海洋における地磁気異常の観測の結果、プラス（正）のずれ、マイナス（負）のずれの異常帯があり、それらは中央海嶺の拡大軸と平行で、かつ拡大軸に対して対称に並んでいることがわかりました。それぞれの異常帯を彩色して表示すると縞《しま》模様に見えるので、地磁気縞状異常とよばれています（図２・１・２）。地磁気異常の縞の幅は数十km、磁気の変化幅（振幅）は数百～１０００nT（ナノテスラ：テスラは磁束密度の単位）程度です。現在の地球磁場方向に磁化（正帯磁）した海洋地殻と、逆方向に磁化（逆帯磁）した海洋地殻が、交互に帯状に並んでいるような磁化構造を考えると、地磁気縞状異常をうまく説明できることがわかりました。なぜ縞縞になっているのでしょうか？　このような地磁気異常は陸域には存在しません。

この謎を解く鍵は古地磁気学にありました。外核に起源を持つ強力な地球磁場が、地球史を通じて南北逆転を繰り返していることが、陸上の火山岩の磁化とその噴出年代の測定によってわかってきたのです。もっとも最近の大きな地球磁場逆転は、約78万年前に起こりました。地磁気逆転の間隔は不規則ですが、平均すると約50万年の周期で逆転を繰り返しています。地磁気逆転研究の歴史はフランスのブルン博士から始まり、彼は１９０６年に逆帯磁している岩石を発見しました。その後、京都大学の松山基範教授が第四紀火山岩の中に逆帯磁しているものがあることを発見し、１９２９年に地球磁場の逆転（反転）を唱えました。その後１９６０年代に入って、アメリカのコックス博士らが陸上岩石の古地磁気から地磁気逆転史を編纂《へんさん》しました。約６００万年

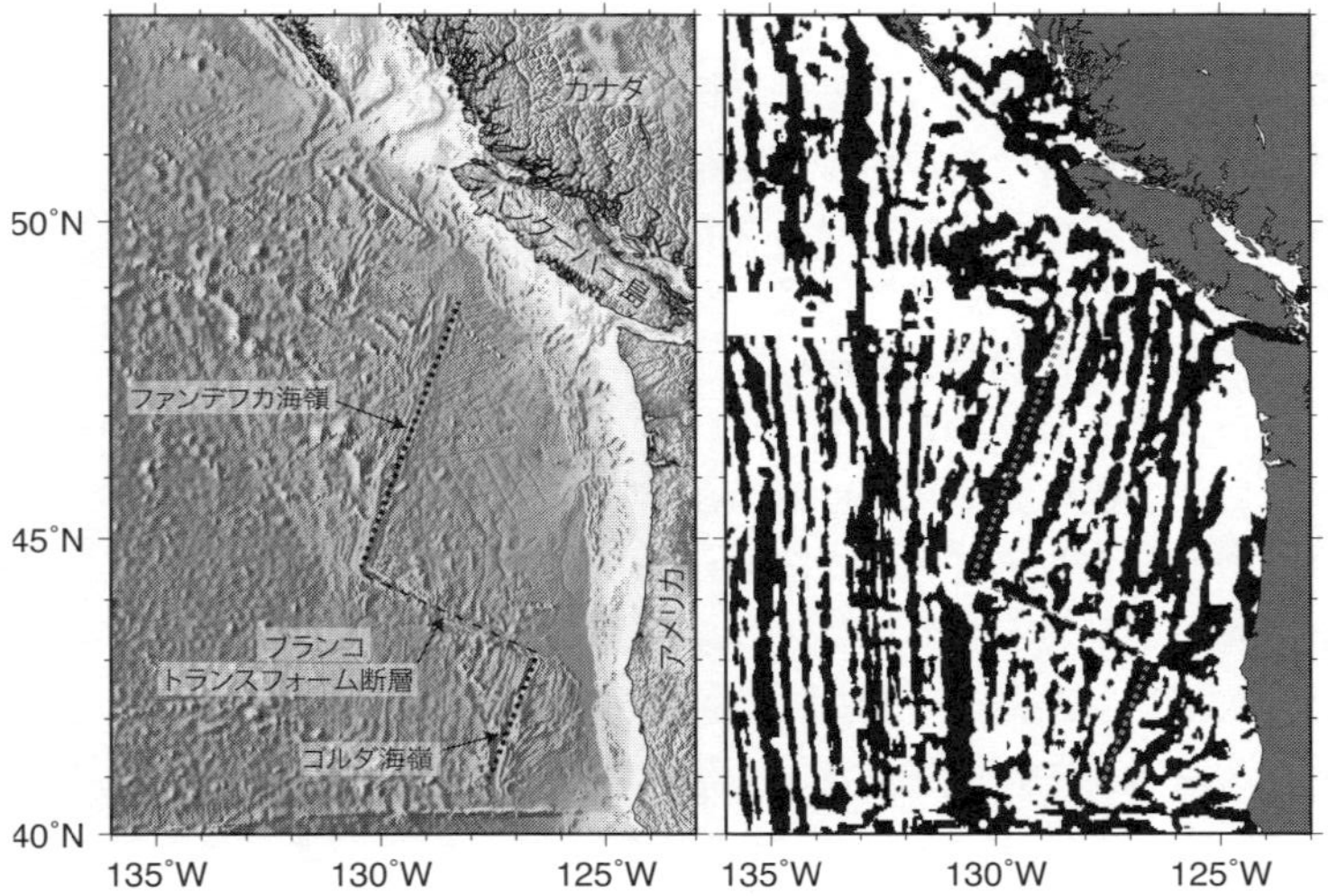

図2・1・2　カナダとアメリカの沖にある中央海嶺の海底地形（左図）と地磁気縞状異常（右図）

プラス（正）のずれの異常帯を黒で塗りつぶすと（マイナス（負）のずれの異常帯は白）縞模様に見える。灰色の点線はファンデフカ海嶺とゴルダ海嶺の位置を示す。2つの中央海嶺は、ブランコトランスフォーム断層によってずれている。

地磁気異常はDyment et al.（2015）、海底地形はAmante and Eakins（2009）に基づく。

前までの地球磁場逆転史には、地球磁場の研究に大きな功績のあった人物の名前が冠され、ブルン正磁極期（0～78万年前）、マツヤマ逆磁極期（78万～258万年前）、ガウス正磁極期（258万～359万年前）、ギルバート逆磁極期（359万～603万年前）の名前が付けられています。

これを受け、地球磁場の逆転現象と中央海嶺での海底拡大を結びつけた説を、イギリスのバイン博士とマシューズ博士が1963年に発表しました。中央海嶺下で溶岩が冷却するときに、その時の地球磁場方向に海洋地殻が熱残留磁化します。昔つくられた海洋地殻は、今は中央海嶺軸から離れた場所にあり、当時の残留磁化を持っています。地球磁場の逆転史を通じて海底が拡大していれば、海底に縞縞の地磁気異常構造ができあがります。現在の地球磁場方向に帯磁している海底の上では正の地磁気異常に、逆帯磁している海底の上では負の地磁気異常になるというわけです。地磁気縞状異常の観測から、地球磁場逆転史と照合して、海底の年代が決められます。海底年代がわかれば、海嶺軸からの距離との比例関係により、海底の拡大速度がわかります。今度は、地磁気縞状異常を利用して、地磁気逆転史がさらに過去の地質時代までさかのぼれます。拡大速度を仮定して外挿し、海底の形成された年代を求めることもできます。

深海掘削による決定打

海底拡大説の証明に決定的な貢献をしたのが、1968年に始まった深海掘削計画（Deep Sea Drilling Project：DSDP）です。DSDPにはグローマー・チャレンジャー号という掘削船が用いられました。深海掘削計画は、国際的な枠組みとなり、現在の国際深海科学掘削計画（International Ocean Discovery Program：IODP）まで50年続いています。

初年の1968年の航海で、南緯30度の線に沿って、大西洋中央海嶺を横断する海底の掘削が行われました。その結果、海洋地殻の玄武岩層直上に載っている堆積層最下部中に含まれる微化石の年代は、中央海嶺からの距離に比例して年代が古くなること、地磁気縞状異常から推定される海底年代は微化石年代とよく一致することがわかりました（図2・1・3）。この明瞭な結果により、海底拡大説は正しいと納得させられることになりました。

海底の年代を海底掘削などで検証しながら、地磁気縞状異常から世界の海域の海底年代と拡大速度が決められていきました。地磁気縞状異常は、プレートテクトニクスに時間の情報を与えてくれます。中央海嶺での海洋プレートの拡大速度は、約1～18㎝／年（二つのプレートが海嶺の両側に離れていく速度：両側海底拡大速度）の範囲にあります。大体、爪の伸びるくらいの速さ（約3㎝／年）、あるいは、髪の毛の伸びるくらいの速さ（約10～15㎝／年）と比べられるでしょ

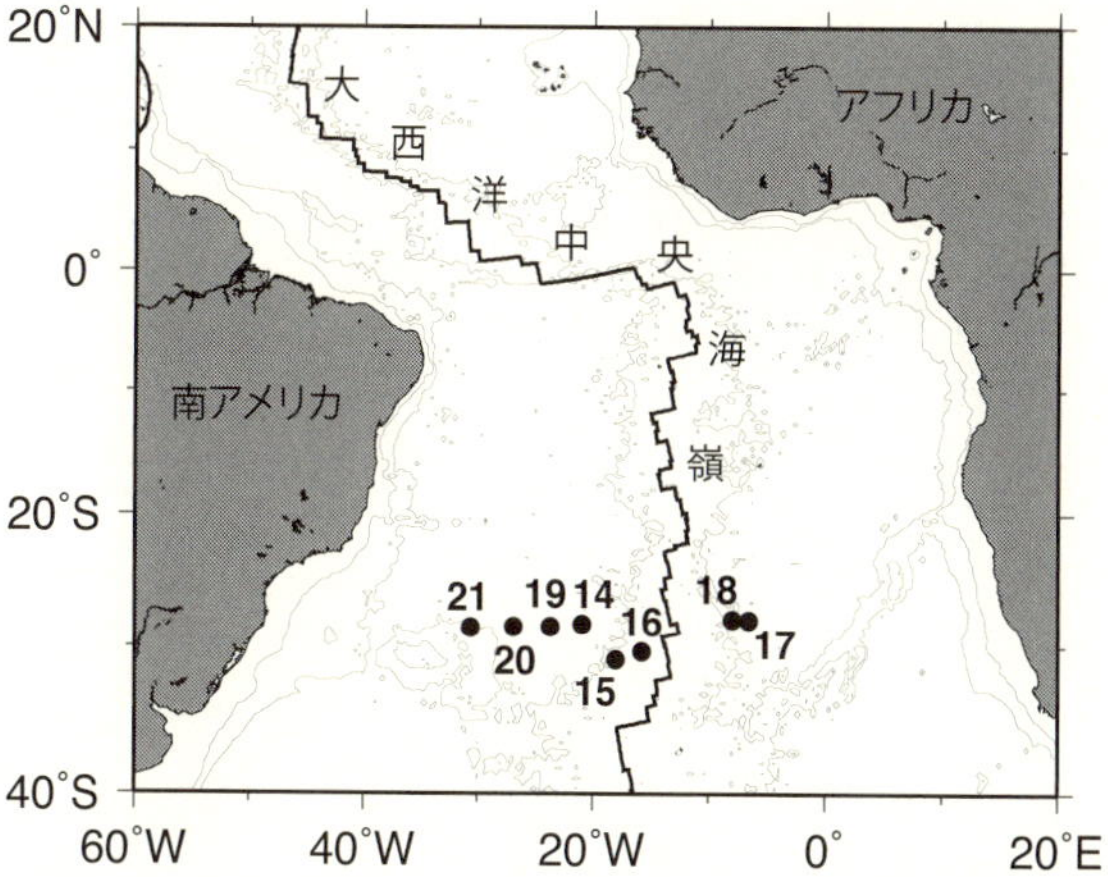

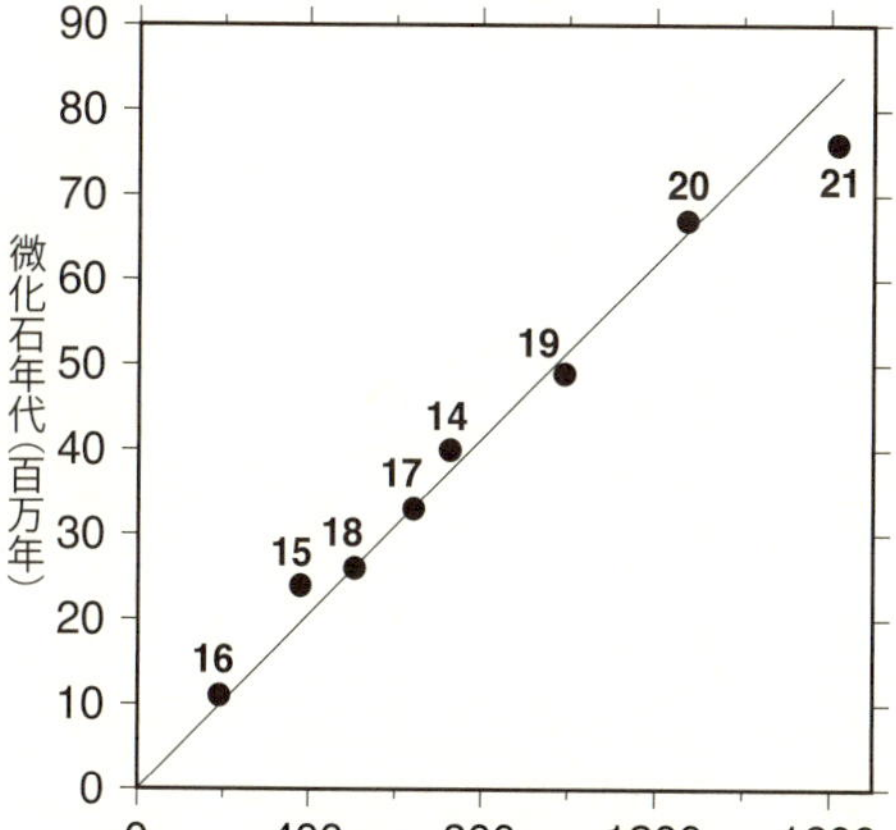

図2・1・3　深海掘削計画第3次航海（DSDP Leg 3）の結果

掘削点位置（上図）、大西洋中央海嶺海嶺軸からの距離と微化石年代との関係（下図）。下図の数字は上図の地点に対応している。

富士原敏也／©JAMSTEC

うか。拡大速度の違いは、海底下深部からの高温のマントル上昇速度の違いになるので、中央海嶺下の温度構造を左右し、中央海嶺での火成活動、海洋地殻の構造、強度などに違いができます。地磁気逆転史、海底年代は約1億8000万年程度の過去までさかのぼられています（図2・1・1）。それ以上古い海底はありません。海底をつくる海洋プレートは、約2億年弱で更新されているのです。

縞縞の幸運

船からの観測によって地磁気縞状異常（地磁気の逆転）を検出することができたのは、驚くべき幸運と偶然によるものでした。マントルから発生した玄武岩マグマの温度は1300℃、海底の温度は0℃に近く、玄武岩のキュリー点温度は約500℃です。これが中央海嶺で地球磁場方向を記録するのに絶妙な関係です。この温度構造・条件のため、海嶺軸上で地球磁場が記録されるのは、海洋地殻の上部1000mほどにあたります。もし熱残留磁化層がもっと厚かったとすれば、上部地殻が海嶺軸上で急冷して磁化する一方、下部地殻が磁化するまでには冷却の時間差があり、海嶺軸からはるか遠ざかってからになります。そうすると正・逆に磁化した岩石が地殻の深さ方向にも並んでしまいます。それらは船からの観測で得られる地磁気異常パターンを不鮮明にしてしまうでしょう。あるいは、たとえば金星のように地表気温が高い場合では、地表温度がキュリー点を超えてしまい、岩石に惑星磁場の逆転が記録されないことになります。

地磁気異常のような観測は、観測点と原因物体との距離により、検出できる縞模様の波長が決まってしまいます。あまり遠いと空間的に区別がつかなくなるからです。水深、つまり海底から海面までの距離が自然な波長フィルターになっています。２π×水深の波長にもっとも鋭敏な特性を持つバンドパス（帯域）フィルターです。海底の平均水深が約４km（４０００ｍ）とすると、約25kmの長さ規模の地磁気異常が選択的に観測されます。地球上の（片側）海底拡大速度は1～８cm／年くらいです。したがって、海上でもっとも見えやすい25km程度の長さ規模の地磁気異常になるためには、地球磁場逆転周期は30万～２５０万年の間くらいであることが必要です。驚くべきことに、これは典型的な地磁気の逆転周期です。これらの好条件が重なったため、海洋地磁気縞状異常が観測され、その後のプレートテクトニクス研究の発展につながっていったのです。

プレート同士がすれ違う境界――トランスフォーム断層

海嶺軸は数百km程度の間隔でところどころ、海嶺軸とほぼ直交したトランスフォーム断層という地形により、数十～数百kmの距離を水平にずれています（図２・１・２）。トランスフォーム断層の延長には断裂帯とよばれる直線状の地形が続きます。断裂帯は地形上の痕跡として数百km

〜数千㎞にわたって続いています。トランスフォーム断層は、1965年にカナダのウィルソン博士によって成因が説明され、命名されました。トランスフォーム断層はプレート同士がすれ違う境界にありますので、トランスフォーム断層（とそれに続く断裂帯）の伸長方向は、プレートの相対運動方向を示しています。トランスフォーム断層の総延長は約4万8000㎞あります。

深海底の水深――年代の平方根則

海洋プレートがつくる海底は、なだらかな斜面になっています。中央海嶺の山頂である海嶺軸の平均水深は約2600mで、海嶺軸から離れて、海洋プレートができてからの時間（海底年代）が経つにつれて、海底の水深は深くなっていきます。水深は海底年代の平方根に比例して増加していきます。それは、プレートが海底で次第に冷やされる過程を見ています。低温のため密度が高まった最上部マントルの領域が厚くなり、プレートとして成長していき、重みを増して沈降するためです。プレート質量の増加は重力の観測、プレートの冷却は地殻熱流量の観測などによって支持されます。いずれの数値も海底年代の平方根に関係して系統的に増加したり、減少したりしています。

海上重力調査は、船上重力計を用いて、調査船が航走しながら行います。船上重力計のセンサーは、ばね・おもり系のものが広く用いられています。重力が増減すれば、それに応じてばねが伸縮します、原理的にはこの時のおもりの変位を検出することによって、重力変化が測られます。標準的な重力値からのずれを重力異常といいます。海面で測られる重力異常はフリーエア重力異常といいます。海底地形と地殻構造による重力効果を補正計算したものは、残差重力異常（マントルブーゲー重力異常）とよばれます。マントルブーゲー重力異常が増加するということは、マントルの中で高密度の層の厚さが増加しているか、あるいは、層内の密度が増加していることを示しています。

地殻熱流量計は、温度計を一定間隔に取り付けた槍《やり》状の棒を海底の堆積層に貫入させ、鉛直温度勾配を測ります。鉛直温度勾配と堆積層の熱伝導率を掛け合わせることで海底での地殻熱流量を得ます。中央海嶺の近くでは、バラツキはあるものの極めて高い地殻熱流量（約３００mW／㎡）が観測されますが、年代の平方根に反比例して地殻熱流量は小さくなっていきます。海底年代５０００万年で約65mW／㎡、１億年では地殻熱流量は約50mW／㎡になります。

海底年代が７０００万年くらいに達すると、水深と年代の平方根則から外れて水深が増加しなくなり、５０００〜６０００mでほぼ平坦になるように見えます。この現象の説明として、プレートは半無限には冷却せず、年代が古くなるとある一定の厚さ（約１００㎞）に近づき、それ以上成長しないとするプレートモデルなどが考案されていますが、なぜ水深が平方根則から外れるかはまだよくわかっていません。

プレート同士がぶつかる境界――海溝

プレート同士がぶつかる境界では、一方の海洋プレートが他方のプレートの下に沈み込みます。沈み込む海洋プレートは曲がって押し下げられ、そこには非常に水深が深いくぼみ――海溝ができます。海溝の最深部を海溝軸といい、海底でのプレート境界線にあたります。世界中の沈み込みプレート境界の総延長は約5万1000㎞あります。日本列島の周辺には、ユーラシアプレート、北米プレート、太平洋プレート、そして、フィリピン海プレートの4枚ものプレートが会合しています（図2・1・4）。日本列島の周辺にあるのは、ほとんどが沈み込み境界です。日本列島の沖では、海洋プレートである太平洋プレートが千島海溝、日本海溝、伊豆・小笠原海溝から、そして、海洋プレートのフィリピン海プレートが南海トラフ、琉球海溝から沈み込んでいます。海溝は弧を描いて連なっています。これは、地球の表面は球面であり、プレートは球殻であるためです。球殻のプレートを曲げてへこませたとき、海底の境界線は海洋に向かって凸の弧となります。

水深が7000～1万mに達する他の海溝に比べ、南海トラフは水深が4000～4500mと浅いためトラフという名前が付いていますが、海溝と同じ沈み込みプレート境界です。浅い水深は、海底年代が1500万～2700万年の若い、すなわち浮力があって水深の浅い四国海盆

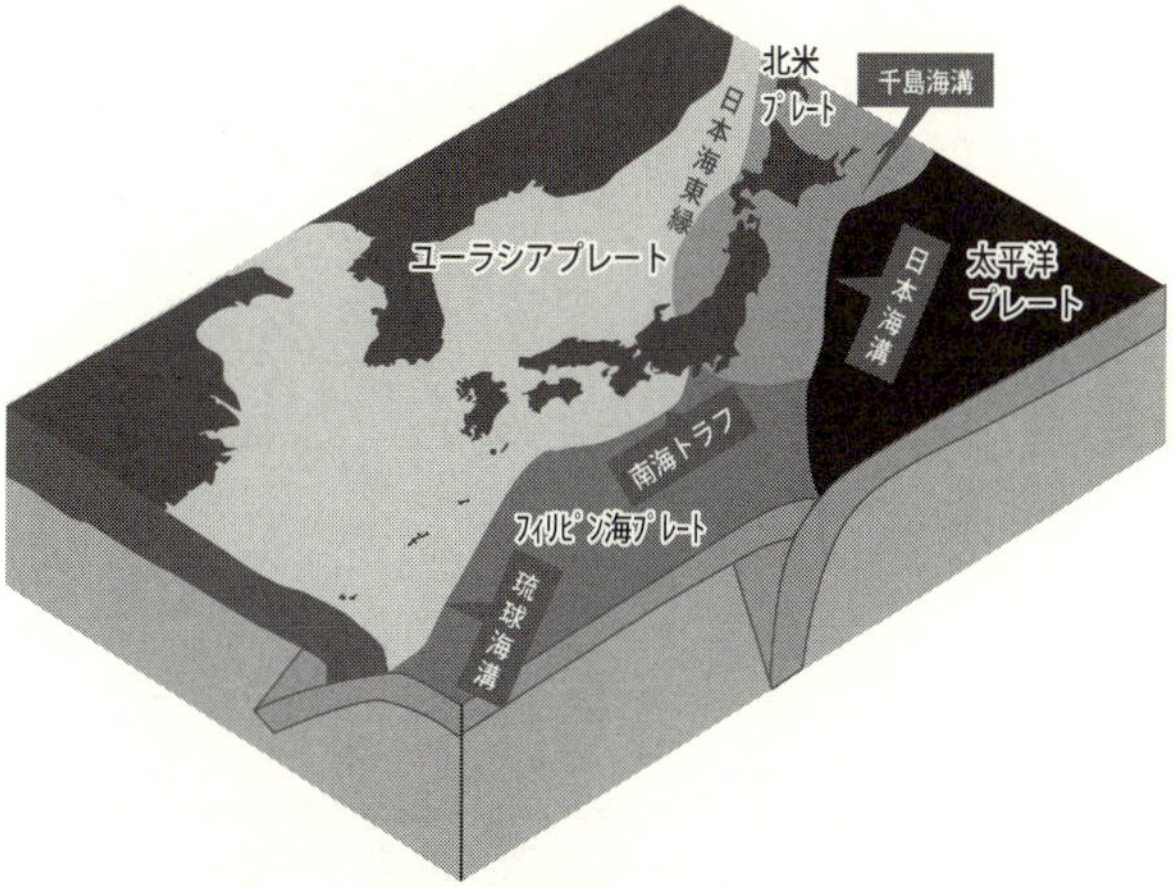

図2・1・4　日本周辺のプレート　富士原敏也／©JAMSTEC

が沈み込むため、また、西南日本からもたらされた厚い堆積層が海溝を埋めているためでもあります。北米プレートとユーラシアプレートとの境界は日本海東縁とよばれています。日本海の東縁もプレート同士がぶつかる境界ですが、現在のところプレートの沈み込みは確認されておらず、海溝もありません。日本海東縁は誕生間もないプレート境界と考えられていて、遠い将来には海溝がつくられるのかもしれません。

日本海溝

東北沖にある日本海溝で海溝を詳しく見てみましょう。東北地方の太平洋側の海岸線から約２００㎞沖に日本海溝があります（図２・１・５）。日本海溝から太平洋プレートが、年間約９㎝の速度で、東北側の北米プレートの下に沈み込んでい

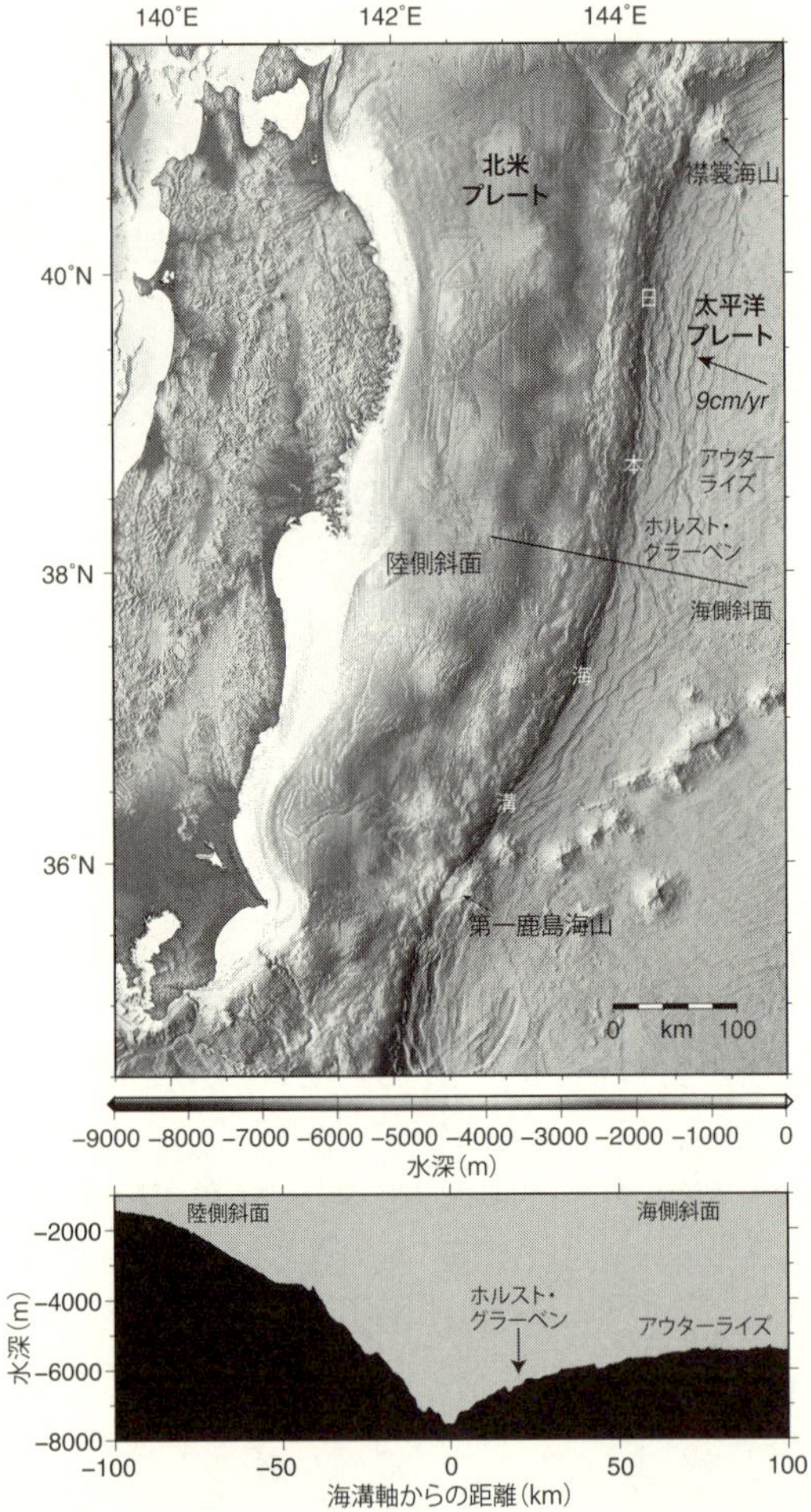

図2・1・5　日本海溝域のマルチナロービーム音響測深による詳細海底地形（上図）。海上保安庁海洋情報部、海洋研究開発機構のデータに基づく。上図の実線に沿った海底地形断面図（下図）。縦軸の水深は横軸の距離の10倍に誇張されている。

ます。東北沖の太平洋プレートは地磁気縞状異常から海底年代が推定されていて、白亜紀前期の1億3000万年前という古い年代です。日本海溝の海溝軸の水深は7000ｍを超えていて、最深部は約8000ｍです。ここでは沈み込むプレートは曲げられ、沈み込む直前のプレートは上へたわんでいます。海溝の海側にあるこの幅数百km、高さ数百ｍの隆起地形をアウターライズといいます。プレート上面には曲げによる伸張応力が働くので、アウターライズから海溝にかけての海溝斜面には、プレート曲げの軸、すなわち海溝に平行な方向に、正断層で切られた凸凹地形（ホルスト・グラーベン＝地塁・地溝）が形成されています。特に日本海溝の海側斜面では、アウターライズとホルスト・グラーベン構造がよく発達し、沈み込みつつある襟裳《えりも》海山や第一鹿島海山も、正断層で切られて分断されています。

余談になりますが、6000ｍを超える超深海は、海洋の面積のほんの1％です。6000ｍ潜航すれば、世界の99％の海底は調査できます。プラス500ｍは日本海溝の海側斜面を調べるための潜航を目指して計画されました。有人潜水調査船「しんかい6500」も当初6000ｍの潜航を目指して計画されました。プラス500ｍは日本海溝の海側斜面を調べるためです。落差の大きいホルスト・グラーベン構造がある水深は6000ｍを超えるので、「しんかい6500」は最大調査深度6500ｍに設定されました。日本海溝の海溝軸より陸（日本列島）側は、海溝軸付近の下部斜面の傾斜が急になっていて、傾斜角度は平均約5°です。上部斜面ほど傾斜が緩やかになります。陸側の斜面には、プレート沈み込みの圧縮応力による直線状の断層地形が卓越しています。

現代の深海底調査

今は、マルチナロービーム音響測深機を用いて海底地形を測ります。深海調査のためには10kHz（キロヘルツ）程度の音波を使います。船の左右方向に広く前後方向に指向角を狭くした扇状に伝わる音波（ナロービーム）を送信して、受信は船の左右方向の指向角を狭めて、送信・受信波が交差する限定された場所からの反射・後方散乱音波を選択します。多方向（マルチ）からの入射音波を受信することにより、一定幅の範囲の詳細な水深データを一度に得ることができます。海底地形測定の空間分解能は水深に依存します。

現在までに音響測深機等を用いて海底地形を実測できている場所は、全海洋の約10％の面積にすぎません。よく調べようとすると地球は広いものです。残りの未調査域の海底地形は、宇宙からの海面高度測定から間接的に予測されています。人工衛星からマイクロ波レーダー高度計を用いて衛星軌道から海面までの距離を測り海面高度を得ます。海面の形状は地球重力の等ポテンシャル面であるジオイドの形状に非常に近いもので、海面高度からフリーエア重力異常を計算することができます。調査船による重力調査だけでは、海洋の重力異常分布は一部の地域を除き、長い間ほとんど明らかではなかったのですが、こうして、地球を周回する人工衛星により、高密度でくまなく均等に測定点が分布する全世界的な海洋の重力異常データが得られました。

重力異常の原因は不均質な密度分布です。海底地形は海水と岩石・堆積物との密度境界面として海洋の重力異常の主要原因となるため、重力異常は海底地形との相関が強いのです。この相関を利用し、未調査域の水深値を予測して、世界の海底地形データはつくられています。海洋の重力異常、世界の海底地形データが、アメリカのサンドウェル博士とスミス博士により発表されたのは１９９０年代後半のことです。ただし、人工衛星からの観測では短い波長に限界があるので、海面高度測定から求めた海底地形の空間分解能は、実測値に比べてより低く10㎞程度です。電波で表面を直接計測できる他の惑星と比べて、意外と地球の海底面の方がわかっていなかったりするのです。

質、量にまだ改善の余地もありますが、海底地形、重力異常に限らず各種地球物理データの全球的データベースの構築が進んでいます。海底年代、過去の海底拡大速度、予測モデルも含めた地磁気異常なども提供されています。そのおかげで、グローバルな解析、研究が容易になりました。これまで、プレート運動（速度ベクトル）モデルは、主に地磁気異常から求めた、地質学的に最近の過去約３００万年間の平均海底拡大速度からつくられていました。近年では、10年弱の期間のGPSによる測地観測データのみを利用したプレート運動モデルもつくられるようになりました。地質学的プレート運動モデルと測地学的プレート運動モデルを比較すると、概ね一致するようですが、一方で相違もあり興味深いです。古典的プレートテクトニクスの前提である剛体プレートの定常速度運動からのずれ、プレートの内部変形やプレート運動の加減速を追究することは、これからの課題の一つでしょう。

一方、有人潜水調査船、無人探査機（ROV）による調査を経て、近年、自律型無人探査機（AUV）を使い、海底地形、地磁気、重力調査などを海底付近で行うことができるようになりました。海底に近づいて調査することにより、空間分解能、測定精度は格段に上がります。ただし、調査船からの海上調査に比べて、調査効率は格段に下がってしまいます。調査効率の向上を図りつつ、高分解能、高精度データの取得の努力を続け、グローバルな視点を持つことで、ピンポイントな海底調査が、新たな大発見をもたらすのかもしれません。

プレートテクトニクスは深海から？

地球表層の海洋プレートが地球内部に沈み込むことが、プレートテクトニクスの肝要な点です。しかし、なぜ硬いはずのプレートが曲がり、沈み込むことができるのかは、まだわかっていません。他の惑星には今のところ、プレートテクトニクスは確認されていません。むしろ、表層で硬くなったプレートはマントル対流とは切り離されてしまって、表層に硬い殻（スタグナント・リッド）を持ち、内部だけの対流になるのは自然と考えられています。地球にプレートテクトニクスがあるのは、海があることが要因ではないかと考えられています。水があるとマントルの粘性率が下がるからです。しかしながら、明確な説明はまだありません。その謎は、海洋プレートの更なる調査によって解明されると期待しています。だから、プレートテクトニクスは深海から、でしょうか？

2・2　巨大地震は深海で起こる

地震はプレート境界で起こる

プレートの境界ではプレートの変形が起こり、応力やひずみが蓄積されていきます。プレートの上面の地殻、最上部マントルは低温のため割れやすい層（脆性《ぜいせい》層）になり、応力がかかれば割れて破壊され断層ができます。その断層面での破壊と急激に動く断層すべりが地震を起こします。断層の上側にある岩盤層を上盤、下側になるのは下盤といい、引っ張りの力により上盤側がずれて下がるものを正断層、圧縮の力により上盤側がずれて上がるものを逆断層といいます。上下ではなく二つの岩盤層が水平にずれるものは横ずれ断層といいます。一方の岩盤から他方を見たとき、他方の岩盤が左方向にずれるのは左横ずれ、右方向にずれるのは右横ずれといいます。

プレート同士が離れる境界の中央海嶺では、プレートの引っ張りにより脆性層が割れて破壊されるため、海嶺軸に沿った方向に正断層が発達し、正断層型地震が起こります。中央海嶺の下は地下温度が高いため、脆性層は薄くなります。脆性破壊の起こりうる深さが浅くなるため、海底拡大速度の速い中央海嶺で起こる地震の震源の深さは2～4㎞程度、地下温度がより低く、脆性層がより厚くなる低速拡大海嶺でも震源の深さは5～6㎞程度です。断層面の大きさが限定されるので、大きな地震は起こっていません。両側海底拡大速度が約6㎝／年を境として、それより速い中央海嶺では、マグニチュード4以上の地震は起こっていないようです。

ここで、マグニチュードの説明をします。マグニチュード・スケールにはいくつか規格がありますが、本書ではモーメント・マグニチュード（Mw）という地震の大きさの単位を使うことにします。巨大地震を測るには、この単位が用いられます。地震エネルギーの大きさは、震源断層の面積と断層すべり量を掛け合わせた地震モーメントに対応させて表すことができます。マグニチュードが1違うと、震源断層面の長さ、幅、すべり量は約3倍の差になります。地震により開放されるエネルギーは約32倍に増えます。目安として、マグニチュード4の地震だと、断層の長さは1・5㎞程度、断層面積は1㎢程度、平均すべり量は3㎝程度です。拡大速度の速い海嶺下では、これだけの広がりを持つ断層をつくることができないくらい、脆性層が薄いということです。

プレート同士がすれ違うトランスフォーム断層沿いに起こる地震は、横ずれ断層型の地震です。接しているプレート同士の年代は中央海嶺よりも古いため、プレートがより冷やされていますから、トランスフォーム断層での脆性層の厚さは、最大では数十km程度にまでなります。地震を発生させる断層規模は、トランスフォーム断層の長さにもよりますが、大きな地震も起こします。たとえば、拡大速度が遅い中央海嶺の大西洋中央海嶺の赤道付近にあるロマンシェ・トランスフォーム断層は、海嶺軸を約８４０kmずらしている長いトランスフォーム断層です。この断層で２０１６年８月29日にMw７・１の地震が起こりました。震源域は深さ方向に約10km、水平方向に約80kmの長さでした。アメリカのカリフォルニアにあるサンアンドレアス断層は陸上にありますが、太平洋プレートと北米プレートが右横ずれですれ違う、約１３００kmの長さのトランスフォーム断層です。１９０６年のサンフランシスコ地震は、サンアンドレアス断層の北部が４３０kmにわたって破壊され、Mw７・９と推定されています。トランスフォーム断層から続く断裂帯では、プレート相対運動がないので、地震は起こりません。

巨大地震はプレート沈み込み帯で起こる

プレート同士がぶつかる境界では、逆断層型の地震が起こります。海溝から沈み込むプレート境界は、沈み込むプレートが下盤、沈み込まれるプレート側が上盤の逆断層になります。海底でずっと冷やされていた低温の海洋プレートが沈み込み、また、海洋プレートが海溝から沈み込むときは低角なので、プレート境界断層が地下で温度（約350℃以上）、圧力が上昇して、高速な断層すべりが起きにくくなるまでの長い距離が、巨大地震を起こす巨大な逆断層（メガスラスト）となりえます。プレート境界の断層面上では、強度が高くすべりにくい部分で固着していると考えられます。この部分はアスペリティとよばれています。海洋プレートは全体として年間数cmで沈み込んでいるので、アスペリティでは応力が周囲より高くなり、その強度を超えると、アスペリティで断層がずれて一気にすべり始め、地震が起こります。震源は断層破壊が開始される点で、大きな地震の断層面は広い範囲にわたり震源域とよばれます。震源域の広さ、震源域内の断層すべり量が地震の規模を決めます。

沈み込むプレート境界で起こる地震のことは海溝型地震、あるいは、プレート境界型地震とよばれています。プレート境界型地震とは、内陸部で起こる直下型の地震に対比してよばれるのですが、これまで見てきたように、中央海嶺やトランスフォーム断層で起こる地震もプレート境界で起こる地震ですから、本書では海溝型地震ということにします。

沈み込む海洋プレートの内部でも地震が起こります。海溝海側のアウターライズの下で起きるものをアウターライズ地震といいます。プレート上面には曲げによる引っ張り力が働いているので、プレート上面を震源とする地震は正断層型です。プレート下面に震源があれば、逆断層型地震が起こります。中央海嶺での正断層型地震に比べると、沈み込み前のプレートは地下深くまで低温であるため、断層面積は大きくなりえます。大きなアウターライズ地震が、海溝型巨大地震の後に起こることがあります。沈み込むプレート内部に沿って、上部マントルと下部マントルの境界付近約７００㎞の深さまで深発地震が起こります。この深発地震の面を和達－ベニオフ面（帯）といいます。日本では和達清夫博士が１９２７年に発見しました。同時期にアメリカのベニオフ博士も研究していました。和達－ベニオフ面（帯）はプレートテクトニクス提唱前に発見されていましたが、プレートテクトニクス理論で説明できるようになりました。

津波も深海で起こる

海底下での地震では津波が心配です。海底下で地震が起きると、断層すべりで海底が変動します。震源域が浅く、海底に近いほど、海底の変動は大きくなります。海底が上下方向に変動して隆起や沈降すると、その上の海水も変動して海面が上下に変動します。その海水のかたまりが初期波源となり、津波が四方に広がっていきます。津波の伝搬速度は重力加速度と水深の積の平方根で表せます。重力加速度が一定だとすると、水深の平方根に比例していて、深い場所ほど速度が速くなります。たとえば、水深５０００ｍなら時速８００㎞、飛行機なみの速さになります。

水深10mでも自動車くらいの速さです。津波が沿岸に向かうとき、先行した津波は水深が浅くなると速度が遅くなり、後続の津波が追い付いてきます。後ろから押されるようにして、津波の高さが高くなります。このことを浅水変形といいます。そして、海岸には高さを増した津波が到来することになります。

日本海溝の沈み込み帯の地殻構造と海溝型地震

私たちは1990年代後半から2000年代前半に、日本海溝の調査を行っていました。マルチナロービーム音響測深機による海底地形調査と、反射法地震波探査、屈折法地震波探査で海底下の地殻構造を調べました。海洋での地震波探査は音波を使います。発信源は圧縮空気を瞬時に放出し音波を発生させるエアガンを使います。海底地形調査の時は10kHz程度の音波を使いましたが、地震波探査の場合は数〜数十Hzの低周波を使います。低周波だと海底下の深い層まで地震波として伝播《でんぱ》します。受信器は反射法地震波探査の場合は、ハイドロフォン（水中マイクロフォンのようなもの）を一定間隔に並べたハイドロフォン・ストリーマーという曳航ケーブルを使います。調査船で測線を移動しながら発信、受信し、地層境界（地震波速度と密度が変化する面）からの反射波を連続的に記録します。発信、受信点間隔が密であれば水平方向に解像度がよく、反射波形の連なりを地層境界として視覚的に認識でき、地層の内部構造を見るのに適しています。

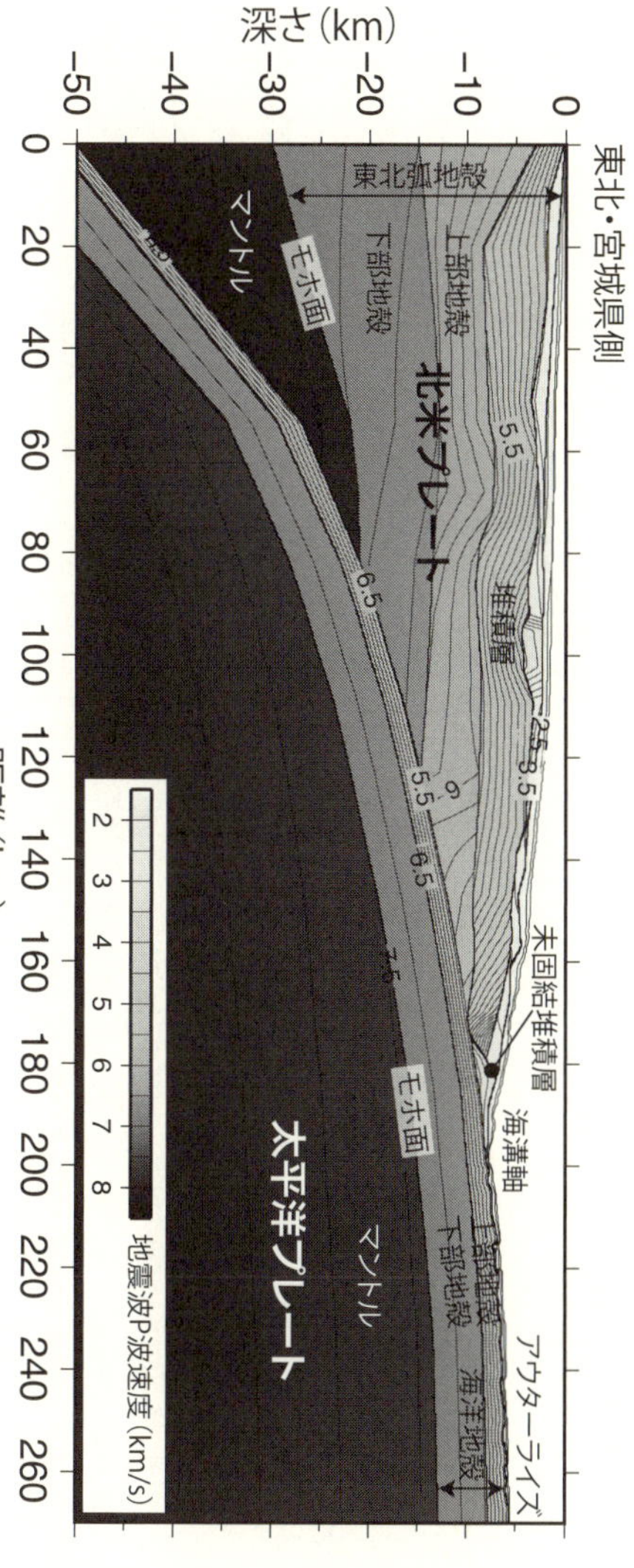

図2・2・1　宮城県沖日本海溝周辺の地震波P波速度構造（地殻構造）
Miura et al. (2005)に基づく。

屈折法地震波探査は受信器として海底に設置する海底地震計を使います。地層境界面で屈折し地層内を伝播した地震波を海底の受信点で受信し、地震波速度という形で地殻構造を求めます。屈折波は水平方向に伝播距離が長いので、地震波速度分布の深度分解能が反射法よりよいのが特長です。地震波速度は剛性率や密度などの性質を反映していますから、地層を構成する岩石の種類や状態を間接的に表しています。

宮城県沖の日本海溝付近の地震波速度構造を見ると、厚さ約6㎞の海洋地殻を載せた太平洋プレートが、北米プレートの下に沈み込んでいるのが見えます（図2・2・1）。図では右上から左下に傾いている層がそれです。太平洋プレートは海溝付近では約5°の角度で沈み込んでおり、深くなるにつれて次第に沈み込み角度が高角になっていきます。海洋地殻上部地殻（第2層）、下部地殻（第3層）の地震波速度は普通の地殻とあまり変わりませんが、最上部マントル層での地震波P波速度は約7・7㎞／秒と、マントル層としては若干低速度になっています。マントルのかんらん岩が水と反応して、蛇紋岩化しているからと考えられています。蛇紋岩化が起きるのは、アウターライズでできた断層から最上部マントル層へ海水が浸入するからと推定されています。

震源分布（2011年以前）と地殻構造の関係を見てみると、震源分布は上盤側の状態と関係していることがわかります（図2・2・2）。まず、海溝軸に近いくさび形の層内の地震波速度

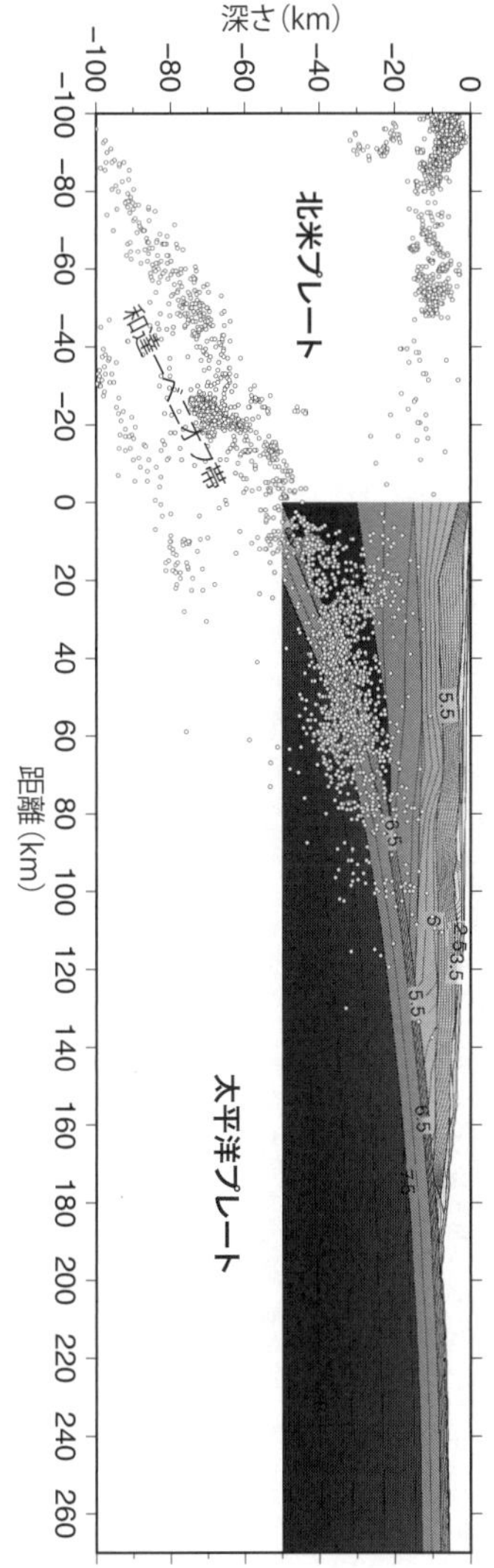

図2・2・2　地殻構造と地震発生帯との関係
白丸は2010年の1年間の震源を示す。震源分布は気象庁による。
富士原敏也／©JAMSTEC

は、約3・0〜3・5km／秒と遅いです。これは固結度の低い柔らかい堆積層と考えられます。この層や隣接する地震波速度が遅い（約6km／秒以下）上盤側地殻が下盤の海洋プレートと接している場所では、地震活動がほとんど起こりません。このため、海溝軸付近のプレート境界断層の浅い部分では固着度が低いため、地震性すべりは起こりにくいと考えられていました。深度が深くなって上盤側の地殻の地震波速度が速くなり（約6km／秒以上）、すなわち、硬いと考えられる層と海洋プレートが接している場所から深部で、地震が活発に起こるようになります。海溝型地震は約100kmの深さまでで起こり、地震発生帯とよばれています。

東北地方の巨大津波

日本海溝域で起こる巨大地震は、東北地方に大きな津波をもたらしています。明治29年（1896年）の明治三陸地震津波は、三陸沖海溝寄りを震源とする海溝型地震です。地震動は大きくありませんでしたが、三陸沿岸に最大遡上高40mに近い巨大津波が到来しました。遡上高とは海岸から内陸に津波がかけ上がった高さをいいます。記録として残っている中では、2011年3月11日が来るまでは、日本で最大の津波でした。地震の規模や地震動は小さいのに、大きな津波が発生するものがあります。このような地震は津波地震とよばれます。昭和8年（1933年）の昭和三陸地震はアウターライズ地震です、明治三陸地震津波の37年後に起こりました。この地震でも三陸で最大遡上高30ｍに近い津波がありました。この地震は正断層型地震で、正断層の傾斜角度は高角なので断層変位の上下変動分が大きく、津波の発生に効果的に働いたと思われます。

巨大地震の再来周期は長いので、近代的な地球物理観測からの知見だけでは不十分で、過去の地震に関するデータ収集、理解も必要です。江戸時代１６１１年の慶長（奥州）地震、室町時代１４５４年の享徳《きょうとく》地震が、巨大地震で大津波を起こしたと考えられていますが、震源や地震の規模については諸説あります。『日本三代実録』という平安時代に編纂された国史（菅原道真も編纂に加わった）に、８６９年の貞観《じょうがん》地震が記されています。古文書に加えて沿岸の津波堆積物の地質調査の証拠から、この地震によると思われる津波が仙台平野の内陸奥深くまで到達した大津波であったと指摘され、東北地方の巨大地震津波のリスクについて評価、検討がされ始めています。

世界の超巨大地震

近代的な地震観測は１００年そこそこの歴史ですが、世界の観測史のなかでもっとも大きな地震は１９６０年5月22日チリ地震（Mw９・５）です。二番目が１９６４年3月28日アラスカ地震（Mw９・２）、３番目の２００４年12月26日スマトラ島沖地震（Mw９・１）は、まだ記憶に新しいのではないでしょうか。マグニチュード9以上の地震だと、断層の長さは500km以上、断層面積は10万km²以上になり、平均すべり量は10mを超えます。これらはすべてプレート沈み込み帯で起こった海溝型地震です。そして、いずれの巨大地震も巨大津波を引き起こしました。

2004年スマトラ島沖地震から2ヵ月後に、海洋研究開発機構は調査船「なつしま」と無人探査機「ハイパードルフィン」を派遣し、インドネシアのスマトラ島沖の海底地形調査、余震観測、海底観察を行いました。その結果、余震の観測からスマトラ海溝に沈み込むインド・オーストラリアプレートとユーラシアプレートとのプレート境界面の形状を明らかにし、海底観察では海溝陸側斜面の海底が高速破砕された様子が発見されました。しかしながら、地震前は現代的な調査はほとんど行われていなかった海域でしたので、あの地震で何が起こったかの確証としては、不十分なものも残りました。

2・3 東北地方太平洋沖地震はこうして起きた

東北地方太平洋沖地震の概要

平成23年（2011年）3月11日14時46分（日本時間）に起こった地震は「平成23年（2011年）東北地方太平洋沖地震」といいます。日本で起こった規模が大きい地震の場合には、気象庁が名称を決めます。名称の付け方は「元号年＋地震情報に用いる地形名＋地震」とします。

2011年東北地方太平洋沖地震は、宮城県沖約130kmの北緯38度6・2分、東経142度51・6分、深さ24km（気象庁発表）を震源に、プレート境界断層の破壊とすべりが始まりました（図2・3・1）。この地震は、西北西－東南東方向に圧縮軸を持つ低角逆断層型地震で海溝型地震です。断層すべり域（震源域）は三陸沖から茨城県沖にまでおよび、深さ方向には、東北の海岸線近くの地下40～50kmの深部から、浅部は日本海溝の海溝軸の海底面までおよんだとされます。そのため、震源域は深海の下の長さ（南北）約500km、幅（東西）約200kmの広大な面積におよびました。平均断層すべり量は約10mと解析されました。東北地方太平洋沖地震は、日本の観測史上最大のマグニチュード9（Mw9・0）を記録する地震になりました。世界の観測史でも4番目の超巨大地震です。

本震の約1ヵ月前には、本震の東側でスロースリップというゆっくりとした断層すべりが起こっていました。そして本震が発生する2日前の3月9日11時45分には、本震の北東側でMw7・3の地震が起こっていました。これが前震であったとされますが、巨大地震の前にそれが前震であったかを判断するのは難しいことだと思います。マグニチュード7級の余震のうち、本震から約

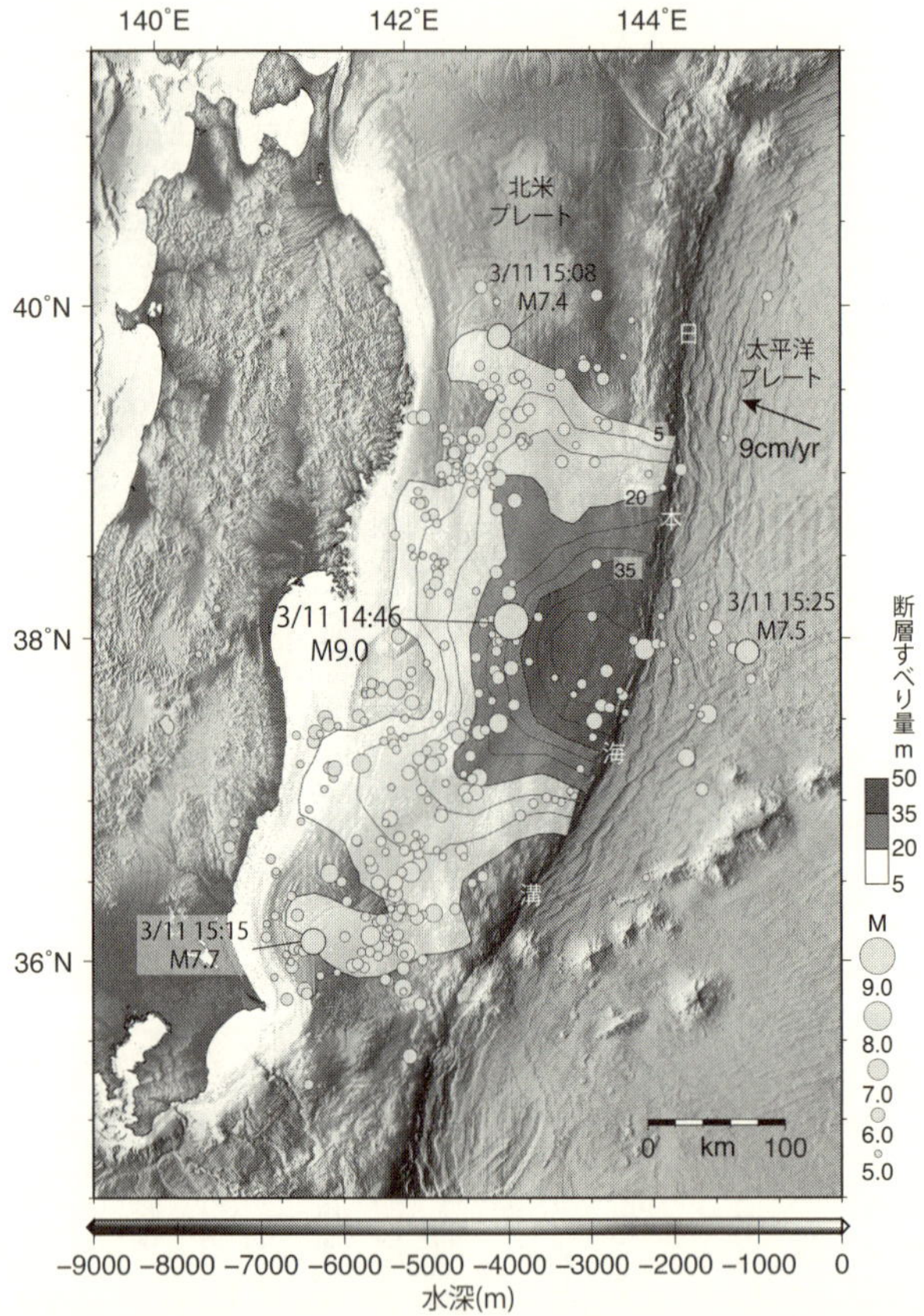

図2・3・1　東北地方沖の海底地形と東北地方太平洋沖地震の震源域（断層すべり分布）

灰色の丸は2011年3月11日から13日に起きたマグニチュード5以上の余震の震源分布を示す。震源分布は気象庁による。マグニチュードの大きさを丸の大きさで表す。本震と3月11日に起きたマグニチュード7以上の余震はラベルで示す。断層すべり量分布と余震域が震源域の広がりを示す。
断層すべり分布はYagi and Fukahata（2011）に基づく。

40分後の15時25分に海溝海側を震源に起きた正断層型の地震（Mw７・５）は、アウターライズ地震にあたります（図２・３・１）。

深海では何が起こったか――海溝軸までいたった大きな海底変動

この巨大地震については多くの書籍や解説記事がありますので、ここでは、海底の調査によって明らかにされたことを中心に述べます。日本周辺のプレート沈み込み帯は、現代の技術を用いた海底の調査研究が進んでいます。この地震以前にも海洋研究開発機構のみならず国内外の大学・研究機関により数多くの調査が行われていました。東北地方太平洋沖地震は、そのような観測網のなかで起こったため、多くの科学的知見を得ることができました。

この地震の断層すべりによって日本列島の地殻は大きく変動しました（図２・３・２）。陸上では国土地理院がGPS連続観測点（電子基準点）を全国に展開しており、それらで地殻変動をリアルタイムで捉えました。陸上で最大地殻変動があったのは宮城県の牡鹿《おしか》半島で、東南東方向に５・３m水平に動き、１・２m沈降しました。東北沖の日本海溝陸側斜面の海底では東北大学、海上保安庁海洋情報部が地殻変動を観測していました。海底には電波が届かないため、海上の調査船をGPS測位して、調査船と海底基準局との間を音響測定して、その測位結果を結びつけて海底の測位を行います。海底での地殻変動はさらに大きいものでした。特に宮城県沖の海底

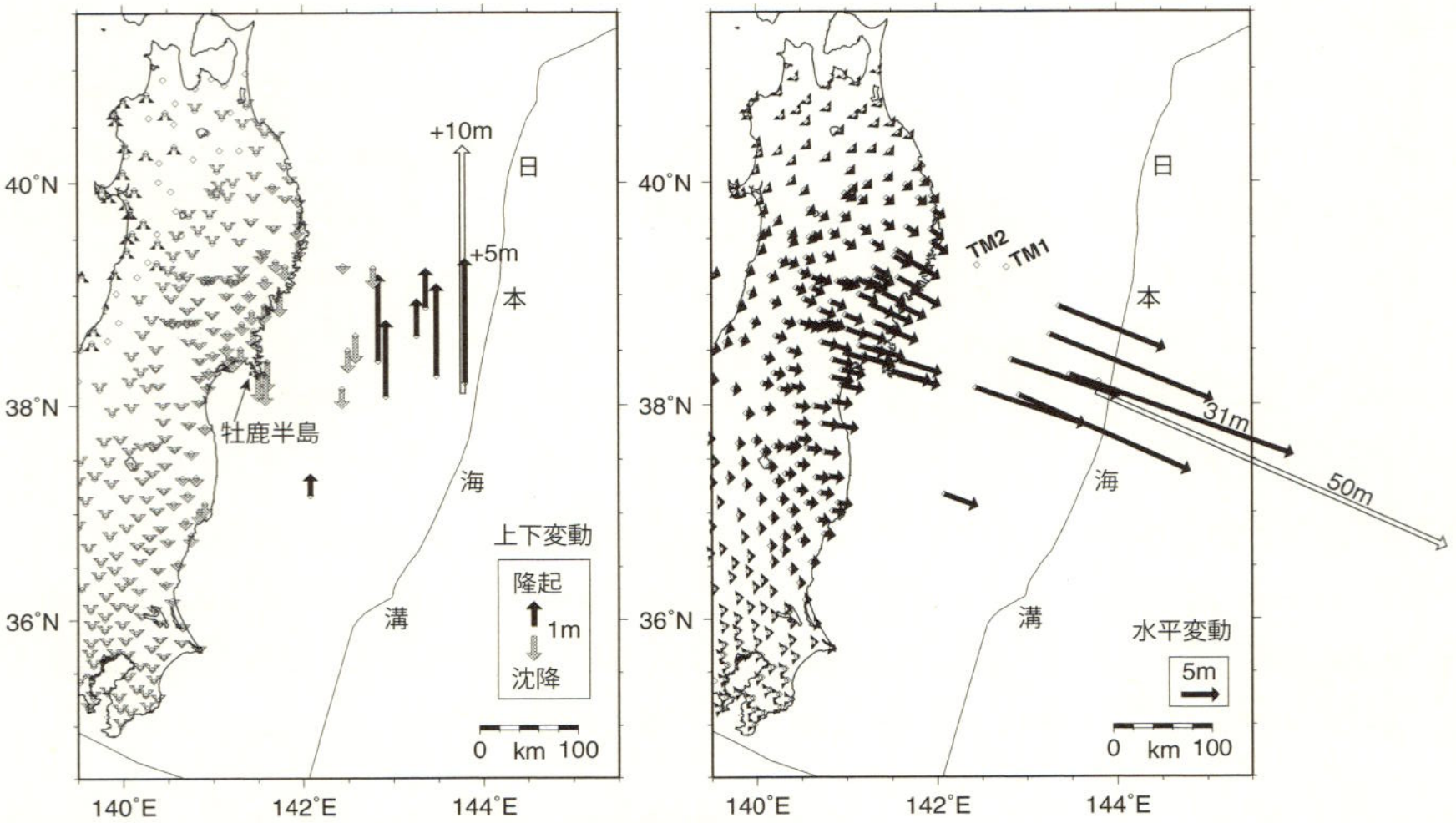

図2・3・2　東北地方太平洋沖地震時の地殻変動

陸域は国土地理院、海域は海上保安庁海洋情報部、東北大学の観測による。変動の大きさを矢印の方向と長さで表す。(左図) 上下変動、(右図) 水平変動。白矢印は海洋研究開発機構の海底地形調査による地殻変動の推定を示す。TM1, TM2は図2・3・5で示す海底水圧計の設置場所。海域データはSato et al. (2011), Kido et al. (2011)に基づく。

変動は非常に大きく、沖合の方に向かうにつれて、東南東方向への水平変動量は大きくなり30mを超えました。上下変動は、陸に近い海底は沈降し、沖合では5mに達する大きな隆起量が観測されました。また、海溝に向かうにつれて海底変動量が大きくなっていました。では、海溝軸付近の変動はどうなっているでしょうか。海溝軸付近には海底基準局は設置されていませんでしたが、海溝軸付近では最大量の海底変動があったことは、私たちの調査でわかりました。

海洋研究開発機構の調査船「かいれい」は地震の当日、小笠原海域を調査中でしたが、急遽、海洋研究開発機構に引き返し、余震観測のための海底地震計などの装備を調えて、3月14日に東北沖に向かいました。地震前の1999年に行った調査と同じ測線上で、震源付近においてマルチナロービーム海底地形調査と反射法地震波探査を行いました。地震後と地震前の海底地形を比較したところ、海溝陸側の海底斜面は、平均して10m以上、隆起していることがわかりました(図2・3・2)。海底地形の隆起は海溝軸の位置までおよび、海溝軸が明瞭な境目になっていました。海底地形変化の解析からは、海溝軸付近で50mを超える水平変動が推定されました。そして、海溝軸の場所の海底地形は変形していて、大きな沈降と隆起が検出されました。反射法地震波探査により、その場所の地震前後の地下構造を比較したところ、断層の動きが原因と思われる地殻の変形が確認され、海溝軸まで断層の破壊とすべりがおよんだことは確からしいとわかりました(図2・3・3)。海溝軸付近のプレート境界断層の浅い部分では地震性すべりは起こりに

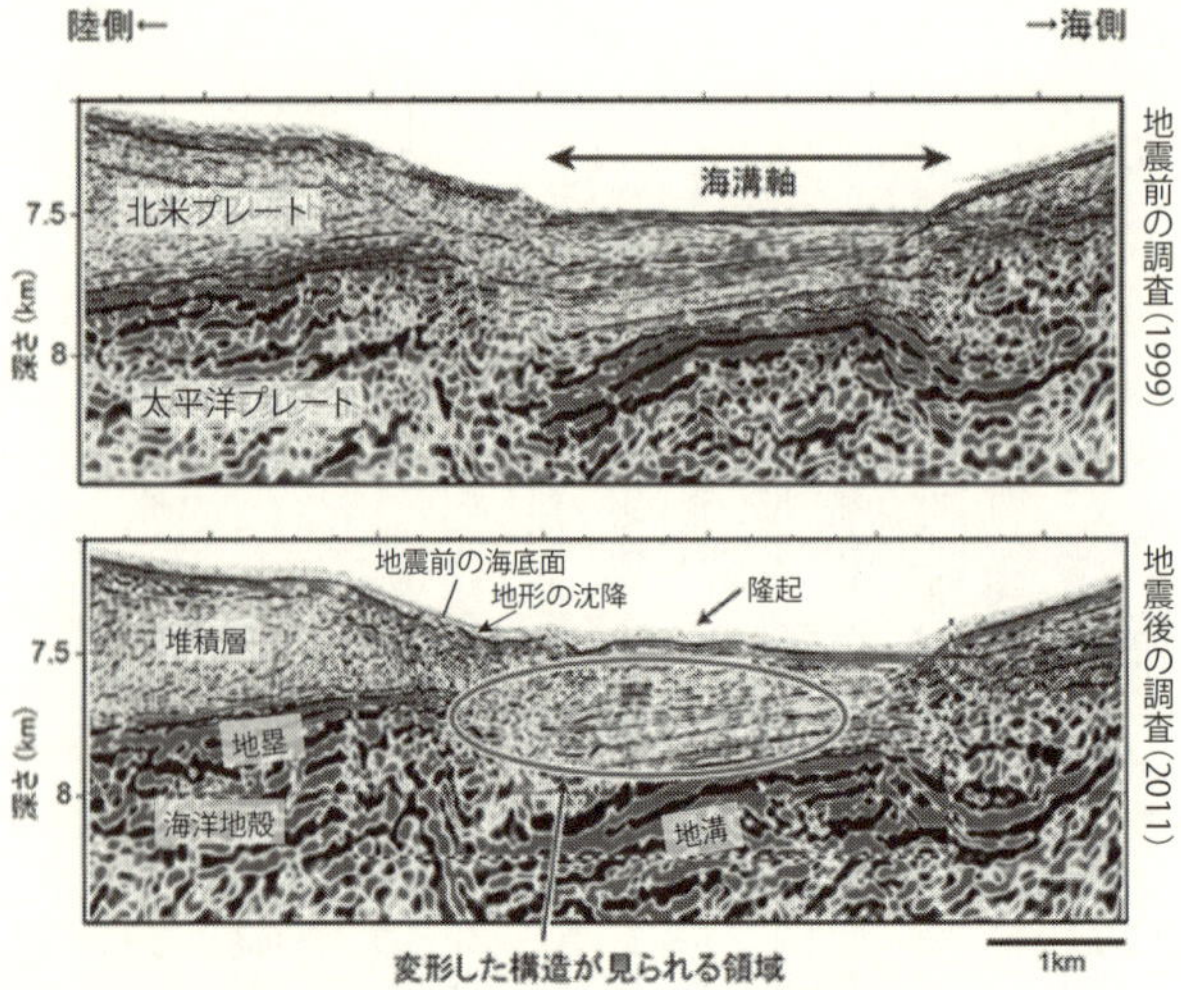

図2・3・3　宮城県沖日本海溝軸付近の反射法地震波探査による地下構造断面図と地震前後の比較による構造変化

Kodaira et al. (2012)に基づく。

くいと考えられていましたが、50mを超える巨大なすべりが起こったのです。このような巨大な断層すべり量は今までに報告されたことはありません。超深海の海底調査の分解能、精度は実は低いのですが、超巨大地震であるがゆえに大変動が捉えられました。

今後、海溝型地震時や、地震の準備過程における海底地殻変動の検出を目的とするためには、その時の技術で成し得る限りで高分解能・高精度の海底地形、反射法地震波探査データを繰り返し取得していくことが重要です。

巨大地震が深海底に与えた影響

地震の直後から、大学、研究機関を

図2・3・4 「しんかい6500」で観測された海底の亀裂（第1256潜航、水深5351m） ©JAMSTEC

挙げて、さまざまな緊急海底調査が行われました。海洋研究開発機構の調査船や深海調査機器も全面的に参加しました。調査項目の一つとして、広大な震源域にわたり、海底地震計による余震観測が行われました。海洋プレートによって上盤側の陸側プレートが西方向に押しつけられていたものが、この超巨大地震によって一気に反発したので、日本列島の応力状態が急激に変わってしまいました。東北沖太平洋の海底下の余震のメカニズムが、逆断層型から正断層型へ変化してしまったのです。余震が少しおさまった7月末から8月、潜水調査船「しんかい６５００」による潜航調査が行われました。幅、深さとも１ｍ程度の亀裂と段差が観察されました（図２・３・４）。

地震前の同じ場所には亀裂などはなかったので、これは本震か余震か一連の地震で生じた可能性が高いです。亀裂の底や付近の海底には、白いバクテリアマットが見られました。これは、断層を通じてメタンを含んだ流体が上昇してきたことを示唆しています。

巨大地震の証拠？——海底のタービダイト層

海洋研究開発機構と産業技術総合研究所地質調査総合センターは、地震後の日本海溝の海底堆積層から柱状堆積物試料（コア）を採取して調べました。そのコアにはタービダイト層といわれる地層がところどころに挟まっていました。タービダイト層とは地震の揺れなどで発生した海底乱泥流が堆積したものです。最上部にあるタービダイト層は、明らかに東北地方太平洋沖地震によるものです。地震の本震、余震で広域に海底乱泥流が発生しました。それは、海底に設置していた海底地震計や海底圧力計などの観測機器の中に泥が入ったり、機器が埋もれたり、流されたりしていたことや、海底の濁りや温度・圧力の上昇が観測されたことからわかります。地層中に福島原子力発電所の事故により放出された、半減期30年のセシウム137、半減期2年のセシウム134が検出されたこともその証拠です。

堆積層は下層ほど過去の地質的出来事を記録しています。コアの下層中に平安時代に十和田火山から噴出した火山灰が挟まれています。噴火の年は歴史書から915年であることが正確にわかります。その直下にタービダイト層が見つかりました。したがって、このタービダイトは、869年貞観地震によって引き起こされたと推定されます。タービダイト層は中間にもう1層認められました。これは、室町時代1454年の享徳地震か、あるいは江戸時代1611年の慶長（奥州）地震が可能性として考えられます。地層の年代決定精度では、どちらかはまだわかりませんが、1142年間に3回、平均再来周期約600年、日本海溝の沈み込み帯を震源とする津波を伴う巨大地震があったことを示すのかもしれません。今後もっと長いコアが採取できれば、さらに過去のことがわかると期待されます。タービダイト層の時空間分布も明らかになってくれば、古文書以前までも巨大地震の発生履歴、震源域の広がりがわかることを期待できます。しかしながら、タービダイトの存在と地震の規模についての明確な関係がまだよくわかりません。たとえば、大津波を起こした1896年明治三陸地震によるタービダイトは見えないようです。海底での堆積過程、年代決定の精度向上など基礎研究も必要となります。

二段階の津波

東北地方太平洋沖地震では巨大な津波が東日本の太平洋沿岸を襲いました。仙台平野などで内陸奥深く、海岸から約4㎞の場所まで津波が到達しました。三陸沿岸では、浸水高30m、遡上高40mに達しました。浸水高とは建物などが浸水した高さをいいます。これらは、東北地方太平洋

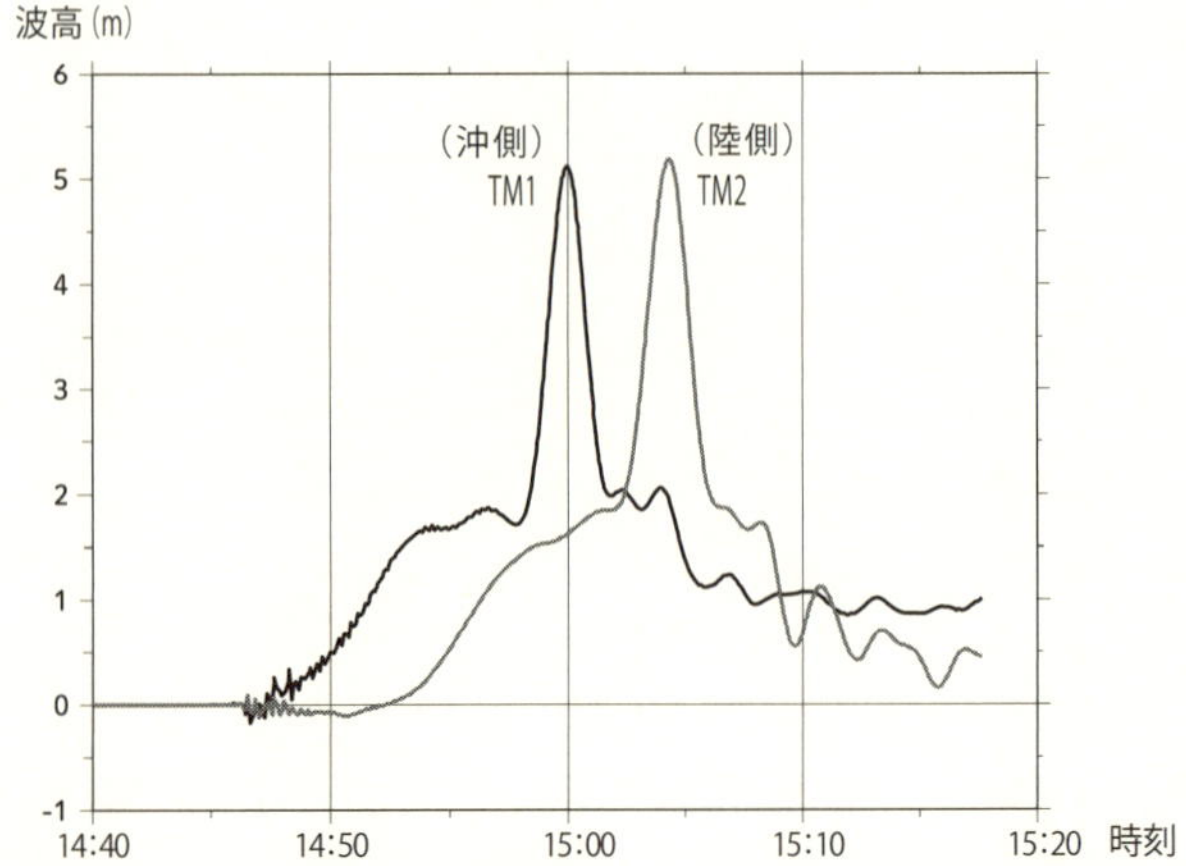

図2・3・5　岩手県釜石沖に設置された海底水圧計で観測された津波

海底水圧計の設置場所は図2・3・2に示す（TMI, TM2)。
Maeda et al.（2011）に基づく。

沖地震津波合同調査グループによる現地調査による記録です。気象庁が発表する津波の高さは検潮所で計測された記録ですが、その検潮所が破壊されて津波波高がわからなかったりします。福島第一原子力発電所を襲った津波高は、映像記録などから15ｍといわれます。沖合に設置された観測点では、津波の発生時の状態がほとんど崩れずに捉えられていました（図２・３・５）。東京大学地震研究所が釜石沖の２ヵ所の海底に設置した海底圧力計（津波計）には、二つの形態の津波が観測されています。沖合76㎞、水深約１６００ｍに設置された津波計記録（ＴＭ１）では、14時46分すぎ、地震の後から徐々に海面が上昇し、約２ｍ上昇しています。そして、水位が高い状態

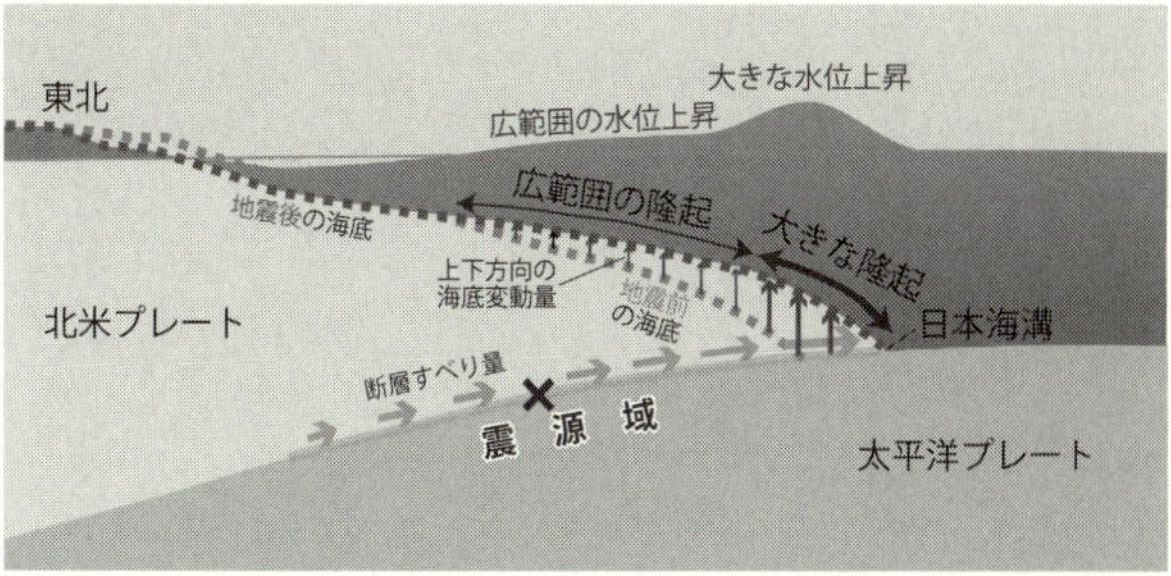

図2・3・6　東北地方太平洋沖地震における津波発生の模式図
図では海底変動や津波の高さは誇張している。海底変動に連動して海面が変動し、津波が発生する。富士原敏也／©JAMSTEC

が長時間続いています。

この地震では断層のすべり（震源域）が広範囲におよんだことにより、海底が広範囲に変動しました（図２・３・６）。それにより持ち上げられた海水の幅（津波波源域）が広大なため、長時間にわたって水位が高い状態が続きました。この長い波長を持つ津波が、仙台平野などで内陸奥深くまでの長い距離を浸水させました。長時間にわたる水位上昇の次に、継続時間は比較的短いものの、急激で非常に大きな水位の上昇が見られました。ＴＭ１の津波計の記録では、約11分後にさらに約３ｍ急激に上昇し、合計約５ｍ海面が上昇しています（図２・３・５）。これは、海溝沿いの比較的幅の狭い範囲の海底が非常に大きく隆起したためと考えられます。

津波の高さは海底の上下変位量によって決まりますが、海底勾配があると、断層すべりの水平成分でも上下変位量が生じます。海溝沿いの陸側下部斜面は、海溝軸に向けて急斜面になっています。ここで起こった大きな海底水平変動は、正味の隆起量に追加の海底上昇効果を起こすことも相まったのでしょう（図2・3・6）。こうして発生した高くて破壊力のある津波が、三陸沿岸などに押し寄せました。約30㎞陸寄りに設置されている観測点（TM2——陸から47㎞、水深約1000m）では、TM1から約4分遅れて同様の海面上昇を記録しています。この観測点間の津波の速さは時速約450㎞になります。津波は、さらに海岸に近づき水深が浅くなると、津波発生時や沖合で観測されたときより、伝わる速度が下がり、浅水変形して波高が高くなります。場所により高さ10m以上の津波となって、三陸海岸には地震発生の約30分後、最大波として到達しました。仙台平野を浸水させた津波は、貞観地震に匹敵する規模であったと指摘されています。三陸沿岸の津波の高さの分布は、明治三陸地震津波に似ているといわれています。2011年東北地方太平洋沖地震は、この二つのタイプの地震が連動した規模のものだったのでしょうか？

巨大地震に備え、地震・津波をモニター

東北地方太平洋沖地震後、東北大学、海上保安庁海洋情報部が行っていた地殻変動観測は、海底基準局の点数を増やして続けられています。その観測により、巨大地震が起こった後の長期にわたる地殻変動の推移がより詳細にわかりつつあります。そして、日本海溝全域に張り巡らされ

た海底ケーブル式の観測ネットワーク（日本海溝海底地震津波観測網［S-net］）が、防災科学技術研究所により構築されました。これにより、リアルタイムで地震・津波をモニターすることができます。海域で起こる地震活動を精度よく捉え、海溝型地震の理解に役立てるとともに、地震・津波をいち早く検知することができるため、緊急地震速報や津波予報をより早く正確に発信することに役立つようになるでしょう。

2・4　地震・津波発生のメカニズムに地震断層を掘り抜いてせまる

「ちきゅう」日本海溝へ向かう

快晴の２０１２年４月１日、強風の中を地球深部探査船「ちきゅう」（口絵０・２）は清水港を出港しました。目指す海域は宮城県東方沖約２２０㎞の日本海溝最深部に近く、東北地方太平洋沖地震で大きく海底が動いた場所です。世界で初めて、地震発生後すぐに地震で動いた断層の地質試料採取をするとともに、地層に残されている摩擦熱の計測を行うための調査をする、統合国際深海掘削計画（Integrated Ocean Drilling Program：ＩＯＤＰ）第３４３次研究航海（ＪＦ

ASTI）がスタートしたのです。

研究者たちの思い

東北地方太平洋沖地震発生後すぐに、京都大学のジェームズ・モリ教授はこれまで主に陸上で行ってきた地震研究から、この災害に対して科学掘削ができることはなんだろうと考えました。地震によって動いた断層を特定するためには、地震発生後できるだけ早く掘削を行い、地層中に残っている摩擦熱を測る必要があると教授は考えていました。地震発生直後に断層の掘削調査を行うことはとても重要で最優先の取り組みでしたが、これまで海底下の地震発生直後の地震断層の掘削調査は行われたことがなく、そのような掘削ができる科学計画はＩＯＤＰしかありませんでした。地震から2週間後に開かれたＩＯＤＰの会議で、モリ教授の提案が議論され、国際科学掘削計画であるＩＯＤＰがこの災害に対して、何をなしうるのかを検討することが議決されました。この国際会議での動きと並行して、文部科学省と海洋研究開発機構でも地球科学がこの災害に対して何ができるかという議論が始まりました。

地震から約2ヵ月たった5月半ばに30人を超える研究者と技術者が東京に集まり、ＩＯＤＰの緊急掘削検討部会の第一回会議が開かれました。この会議で、東北地方太平洋沖地震に対して科学掘削が行うべき調査は、①海底を大きく動かして巨大津波を引き起こした断層を特定し、その地質試料を回収する、②掘削した孔《あな》に温度計を設置し、動いた断層に残っている摩擦熱を測定する、の二つであると結論が出されました。そして、この二つが2年以内に実行可能であるのなら、ＩＯＤＰとして緊急に研究航海を行うべきである、という勧告がなされました。この勧告を受け研究者たちが提案した計画は、水深７０００ｍの海底から１０００ｍの掘削を行えば、上記の二つの調査は達成できるであろう、というものでした。問題は、これまでにそのような科学掘削が行われた事例がなく、７０００ｍという大水深で断層掘削を行い、摩擦熱を測定するためにはどうすればよいのかは誰もわからないということでした。この会議には、米国の科学掘削船を運航しているチームと、日本の科学掘削船を運航しているチームが参加していました。米国側は、彼らの掘削船ではこの掘削は不可能であると発言し、必然的にこの緊急航海を行えるか否かは、日本側のチームの検討案件となったのでした。

海洋科学掘削の歴史で、これまでにもっとも深い水深で掘削が行われたのはマリアナ海溝の水深７０３４ｍでの掘削でした（DSDP Leg 60）。この時の水深は今回よりも深いのですが、掘削深度は15・５ｍと浅く、必要な掘削パイプの長さを比較すると、今回は総延長でさらに約９５０ｍも長い掘削パイプを扱うことになります。このような特殊な計画でなくても準備に3年から５年かかるＩＯＤＰの航海を、地震発生から1年以内に実施するのは簡単ではありませんでした。

この会議の後、研究者たちはＩＯＤＰへ掘削提案書を提出しました。この掘削提案書は世界中から集まった29名の研究者によって書かれていて、その科学目的は大きく分けると、①地震断層の破壊を引き起こした断層周辺の応力状態はどうなっていたのか？　そしてその応力は地震によって解放されたのか？　②プレート境界型巨大地震を起こす断層はどのような特徴を持ち、過去の地震断層と今回の地震断層を区別することはできるのか？　の二つでした。

これらの目標を達成するためには、すべった断層の摩擦係数を求める必要があり、そのためには断層に残されている摩擦熱を計測する必要がありました。また、従来の沈み込み帯の地震発生モデルでは、沈み込みが始まる海溝軸付近では、プレート境界断層の固着が弱くてひずみをためないとともに、断層を構成している堆積物が比較的柔らかいため、深部から伝搬してくる断層破壊を減速、あるいは停止させる（緩衝する）と考えられていました。それなのになぜ大きな断層破壊が浅い部分にまで到達したかを明らかにする必要がありました。これを明らかにするには、実際に断層の地質試料を回収し、その岩石組織や微細構造などを調べ、断層が破壊されるときの地層中の水（間隙水《かんげきすい》）の挙動などを明らかにする必要がありました。さらに、回収された地質試料を使って高速摩擦実験などを行うことによって、断層の摩擦特性を明らかにすることが重要でした。

緊急に掘削を実施すべき一番の理由である、断層に残された摩擦熱の計測は、モデル実験によって、摩擦係数を０・１とした場合、海底下７４０ｍの断層では、地震の1年後で０・８８℃、

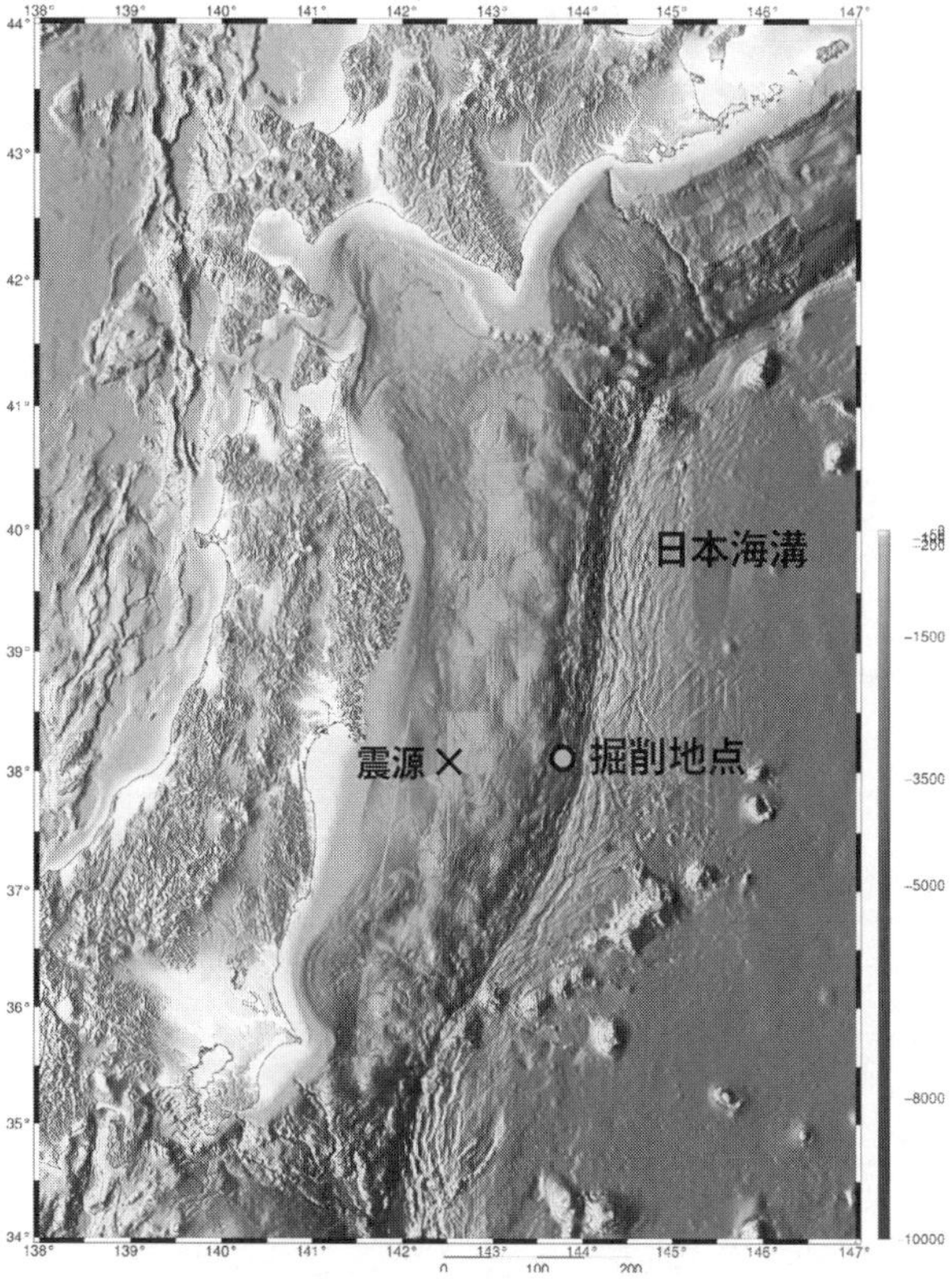

図2・4・1　JFASTの掘削地点

図中の○印は掘削を行った地点を示している。東北地方太平洋沖地震の震源（×印）に近く、海底面が大きく動いた場所であること、海底から断層までの距離は近いことが条件であった。©JAMSTEC

5年後で0・51℃の温度異常として残っていることが推定されました。水深7000mから1000mの掘削を行う、という大まかな案が示されていた掘削地点も、地震直後に実施した深海調査研究船「かいれい」による調査航海のデータを用いて、より詳細な掘削地点が提示されました（図2・4・1）。この掘削提案書をもとに、海洋研究開発機構の地球深部探査センターでは、実際の科学掘削航海の立案が始まったのでした。

緊急航海の準備

前述のように通常、科学掘削航海の準備には、掘削提案書が提出されてから、3年から5年の年月をかけます。しかし、今回は断層の摩擦熱をいち早く測るため、これまで誰もやったことがない超大水深での掘削航海の準備を1年以内に終えなくてはなりません。水深約7000mの海底下約1000mにある断層を発見し、地質試料を回収し、その地層の温度を計測するには、総延長8000mの掘削パイプを使って掘削を行う必要があるのです。水平方向で8000m（8㎞）は、それほどの距離ではありませんが、垂直方向（深さ方向）8000mというのは、富士山を二つ重ねてその上からパイプを降ろしても、まだ450m足りない長さなのです。掘削に使うパイプの長さは、1本約10mです。地球深部探査船「ちきゅう」では、この掘削パイプを4本つないだものを準備し、40mずつ接続して船から降ろしていきます。これを200回繰り返してようやく８０００mに達します。８０００mの掘削パイプは約３５０トンを超える重さになります。その先端に掘削のための刃先（ドリルビット）をつけて「ちきゅう」中央のヤグラからぶら下げ、グルグル回転させて地層を掘削しながら、海底下にある断層を目指すのです。この糸のような８０００mのパイプが、海流などによる曲げにどれほど耐えられるのか、掘削パイプの強度計算は航海直前まで続けられました。他にも、精密な温度計測装置の開発、それを深海で掘削孔にどのように設置するか、そのための装置の開発など、技術的な検討が続きました。

この研究航海の共同首席研究者がテキサスA&M大学、フレッド・チェスター教授とジェームズ・モリ教授の二人に決まり、彼らも航海準備の議論に加わることになりました。彼らはこの航海に参加し、科学面の取りまとめを行うことになったので、航海前にどのような技術的問題や限界があるのかを事前に知っておかなくてはなりません。同時に、ＩＯＤＰの方針にのっとり、乗船研究者の公募が世界各国で行われました。２０１２年2月にはすべての乗船研究者が決まりました。倍率は2倍近く、本航海への研究者の興味は大きく、この未曾有の災害に対して地球科学が何をすることができるのか、どの国の研究者も真剣に考えていたことがうかがわれます。

IODP第343次航海（JFAST）

「ちきゅう」には、世界10ヵ国から集まった29人の研究者も乗り込んでいました。掘削地点近くに到着したのは、２０１２年４月３日の朝でした。すぐにダイナミックポジショニングシステム（自動船位保持装置）に切り替えて船体の自動保持を行い始めたのですが、低気圧の接近に伴って海況がどんどん悪化し、航海の最初から荒天待機となってしまったのでした。普段は揺れをほとんど感じない「ちきゅう」ですが、真夜中に風速が40ｍを超えたこの時は、多くの研究者たちが船酔いに苦しめられました。荒天待機は５日の明け方まで続き、嵐がおさまると同時に「ちきゅう」は掘削地点に向かいました。最初に、５台のトランスポンダ（音響送受信装置）を海底に設置します。このトランスポンダとＧＰＳ測位を使い、ダイナミックポジショニングシステムが船底のアジマススラスタ（定位推進装置）に、潮の流れ、波、風などの外力に拮抗する力を出力することで船位保持を行います。この間、ドリルフロアでは、掘削パイプの接続が行われ、掘削開始の準備を行っています。

「ちきゅう」では、１本10ｍ弱の掘削パイプを４本つないで、ドリルフロアにあるラックに収納します。この時のラックに並べる順序が重要で、掘削パイプを降ろし切った時に一番深いところにあるべきパイプが手前で、一番上に来る掘削パイプが一番奥に収納されます。掘削パイプはネジでつながるようになっていて、アイアンラフネックとよばれる「万力」のような機器が順番に掘削パイプをつないでいきます。「ちきゅう」は水深３０００ｍまでの海域では、無人探査機を「目」として使って、海底での作業を行いますが、７０００ｍに達する日本海溝では使うことができません。その代わりに使うのが水中カメラです。掘削パイプに沿わせて水中カメラを海底へ下げていき、海底面での作業の「目」として使うことになります。この「目」がないと、緊急掘削航海の大事なミッションである、断層に残っている摩擦熱を測定するための温度計測装置の設置を行うことができないのです。

この水中カメラはこれまで使ったことがないため、ケーブルには「より」が残っていました。実際に掘削パイプに沿わせて使う時に、この「より」が戻ってしまうと水中カメラが掘削パイプに絡まってしまい、回収することができなくなるのです。２系統の電源ラインと、４系統の光ファイバーを内蔵しているこのケーブルは、それ自体の重さが6トンにも達します。ケーブルの「より」を取るには、ケーブルの下端におもりをつけて海中に降ろし、回転させることによって「より」を解放する必要がありました。問題は、７０００ｍのケーブルすべてを降ろすことができる海は限られているということです。世界中の海の平均水深は３７２９ｍであり、６０００ｍよりも深い海は、海全体の１％しかありません。もちろん、日本海溝はこの１％に含まれるので、ここでケーブルの「より」戻しを行いました。結局、この「より」戻し作業は４月12日まで続くことになってしまいました。

断層の摩擦熱を測定することが大きな目的であるこの緊急掘削航海では、断層を見つけるための掘削孔と、断層の地質試料を回収するための掘削孔をそれぞれ掘削し、両方の掘削孔に、異なるタイプの温度計測装置を設置することになっていました。同じ掘削孔に何度も掘削パイプを出し入れしたり、掘削パイプ以外の装置を挿入したりすることを、リエントリ（再挿入）といいます。リエントリを行うためには、海底に開いている掘削孔の入り口を崩壊などから保護する必要があります。このため、20インチ（約50㎝）のパイプの上端に30インチ（約75㎝）のウェルヘッド（孔口装置）をつけたものを、海底表層の堆積物に差し込むところから掘削作業が始まります。このウェルヘッドを装着した全長30ｍのパイプ（ケーシング）を海底に降ろすためには、ケーシングの上端に掘削パイプを接続しますが、海底に差し込んだ後に掘削パイプを切り離すため、それらの間には切り離し装置が装着されます。切り離し装置の上端につなげた掘削パイプを約40ｍずつ伸ばしながら海底まで降ろしていくことになります。

4月13日からやっと最初のウェルヘッドの設置が始まりました。水深6883・5ｍの海底までウェルヘッドを降ろしていきます。途中で水中カメラの不調が起きたりしたこともあり、ウェルヘッドが海底に到達したのは4月18日になってしまいました。これが最初の孔になるので、掘削孔Aと名付けられました（図2・4・2）。約30ｍのケーシングパイプを海底に差し込むことには成功したのですが、これを掘削パイプから切り離すことができません。浅い海底で同じ作業を行う場合は掘削パイプを回すことで切り離しを行いますが、この深さの海底ではその方法は使えません。掘削パイプを船上で回しても、7000ｍ近い長さのパイプはねじれてしまい、その

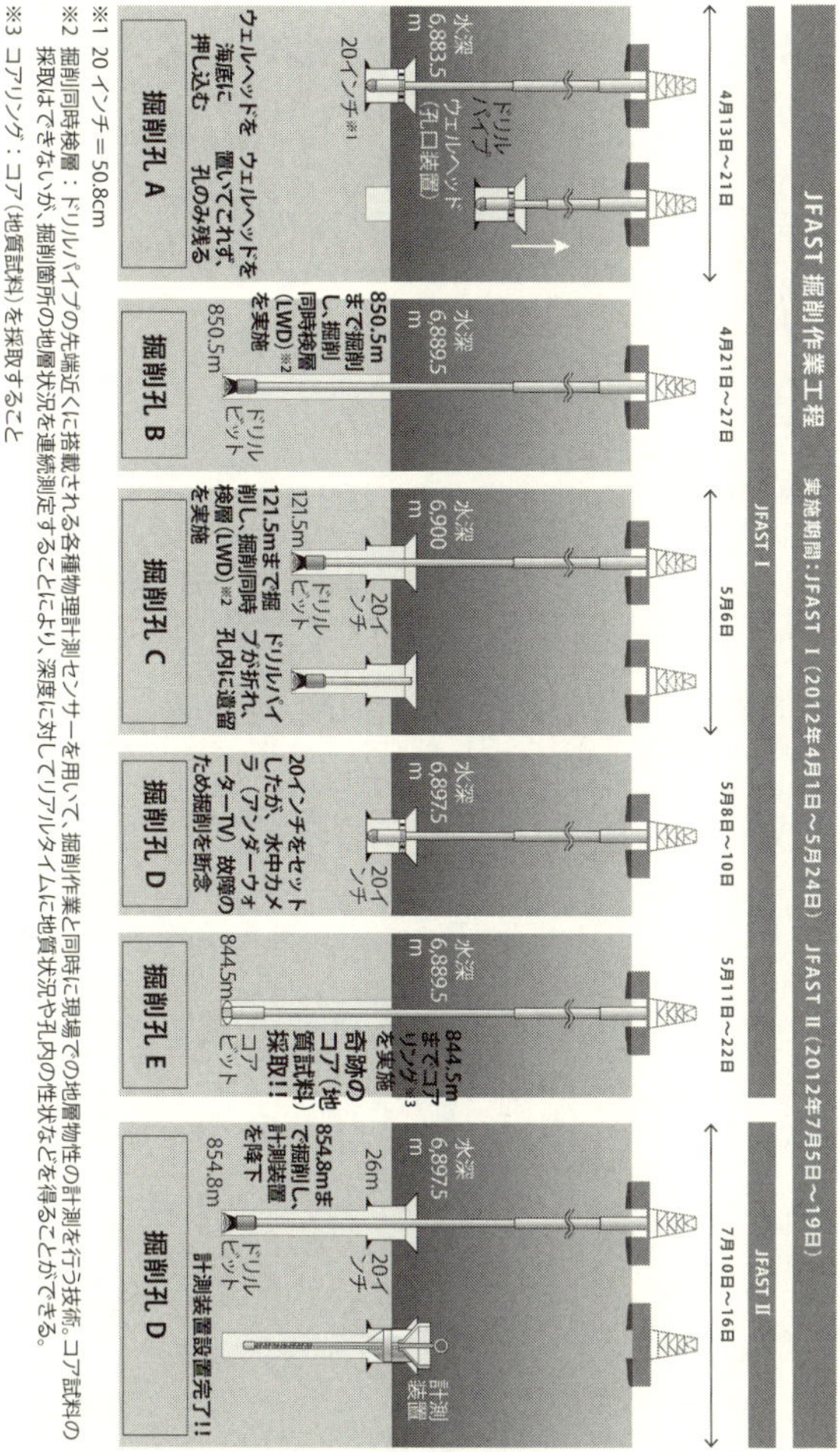

図2・4・2　JFASTの掘削作業工程概要

JFAST Ⅰでは、掘削孔AからEを掘削し、JFAST Ⅱでは掘削孔Dをさらに掘り進んで温度計測装置を設置した。©JAMSTEC/IODP

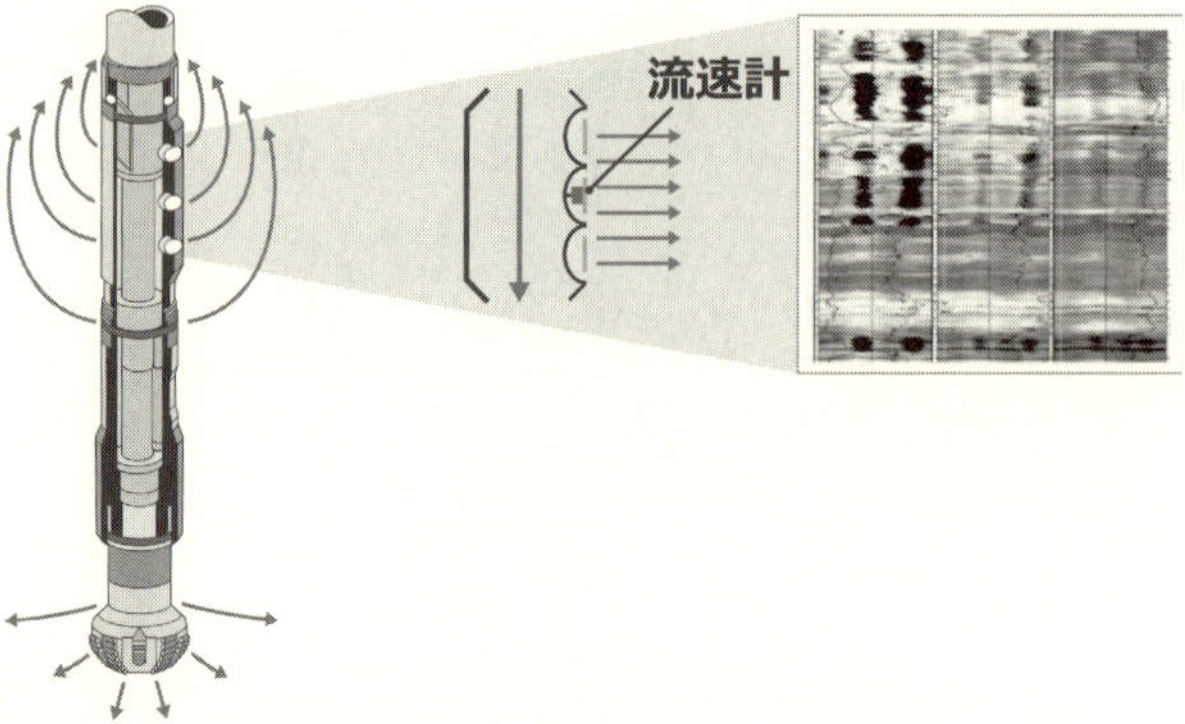

図2・4・3　掘削同時検層（LWD）の構造とLWDで得られた比抵抗（電気の通りにくさ）を色の濃淡を使って表した孔壁のイメージ

一定の間隔で配置された電極から出される電流が、掘削中の地層内部を伝わる際の伝わりやすさ（にくさ）を測定する。濃い色の部分が地層の隙間が多い部分（電流が伝わりやすい）、垂直方向に連続している部分は孔壁が主に地層の圧力によって壊れていることを示す。©JAMSTEC/IODP

先にある切り離し装置に回転を伝えることができないからです。そのため開発したのが、水圧を使った切り離し装置でした。しかし、装置は思ったように機能せず、残念ながら掘削孔Aの掘削は失敗に終わりました。それから2日ほどかけてすべての掘削パイプが船上に上がってきました。すぐに切り離し装置の不具合の検証が始まりました。検証作業と同時に船上では研究者たちと掘削チームが会議を開き、残された航海時間を考えて、ウェルヘッドの設置を行わず「掘削同時検層（Logging While Drilling：LWD）」（図2・4・3）という掘り方で海底下のどこかにある断層を探すことになりました。しかし、ウェルヘッドを設置しないということは、温度計測装置の設置はこの孔では行えないということです。まさに苦渋の選択でした。

こうして、次の掘削孔（掘削孔B、図2・4・2）の準備が始まりました。掘削同時検層というのは、掘削を行いながら掘削パイプの中に組み込まれたさまざまなセンサーを使って、海底下の地層の状態を計測する手法です。今回の航海で使われたセンサーは地層中の自然ガンマ線量の変化を測る装置（粘土の含有量の相対変化から岩石の種類を探る）、地層の比抵抗の変化を測る装置（岩石の隙間や水分量を見積もる）、比抵抗の変化から掘削孔の崩れ具合や変形の様子をイメージ図にする装置の3種類でした。掘削同時検層ツールをドリルビットの上に配置した掘削パイプを海底まで降ろし、そこから掘削が始まります。この掘削孔Bの水深は６８８９・５ｍでした。掘削同時検層ツールは掘削中にもリアルタイムのデータを船上に送ります。船上では研究者たちがモニターの前でこのデータを見ながら、その変化を追っていきます。順調にデータを取りながら、海底下８５０・５ｍまで掘削を行い、このうち８３６ｍに「チャート」とよばれる岩石の存在を認識したことにより、沈み込んでいる太平洋プレートまで掘削が進んだことが確認されました。地震の時にすべったプレート境界断層は、太平洋プレート境界より浅いどこかに存在するはずです。水深と掘削深度の合計は７７４０ｍとなり、この時点での科学掘削史上もっとも長い掘削パイプを使った歴史的な掘削となりました。

その後、掘削パイプは引き揚げられ、掘削同時検層ツールが船上に回収され、検層ツールの内部のメモリに保存されたすべてのデータがすぐに回収・解析・可視化されました。リアルタイムで観測していた時よりはるかに解像度の高いデータです。研究者たちは床にこのデータを広げて、地層の解釈を行います。その結果、地層は四つの層に分類され、これまで近傍で実施された海洋掘削結果との比較から、下から三番目の層が沈み込む太平洋プレートの上にある遠洋性粘土層であり、その下がチャート層、さらに下の最下部が海洋地殻を形成する玄武岩層であるとされました。掘削同時検層データを解釈して得られた地質構造から、海底下720mと820m付近に断層と思われる層が認定されました。そのなかで特に820m付近のものは遠洋性粘土層の上部にあるため、目指すプレート境界断層ではないかと考えられました。

三つ目の孔となる掘削孔Cでは、切り離し装置が順調に作動し、無事にウェルヘッドが海底面へ設置されました（図2・4・2）。これで精密な温度計測装置の設置への道が見えてきたのです。あらためて掘削同時検層ツールを掘削パイプ下部に取り付けて、ウェルヘッドへ再挿入（リエントリ）し掘削を行うために掘削パイプを降下させましたが、その途中で天候が悪化し、一度掘削パイプを船上にあげなくてはなりませんでした。天候が戻ったところで、再度挑戦し、水中カメラで目視しながら、ウェルヘッド再挿入に成功し、掘削を開始しました。ところが、順調に船上に上がってきていた掘削同時検層のデータが100mほど掘削したところで突然途絶えてしまいました。掘削同時検層ツールが折れたことが想定され、掘削パイプの揚収が始まりました。船上に引き揚げられた掘削パイプはやはり折れており、掘削同時検層ツールとドリルビットが失われていました。約７０００ｍの掘削パイプを船上から回した際に、パイプの振れが大きくなり、孔の中にあった比較的弱い部分が折れてしまったと考えられました。

船上では再び工程会議が開かれ、四つ目の孔をどのようにするかが議論されました。温度計測装置の設置を考えると、ウェルヘッドの設置は必須となります。掘削孔Ｄは、まずウェルヘッドを設置し、その後掘削同時検層ではなく、掘削孔Ｂの掘削同時検層データから想定される断層を狙って、地質試料の採取を行うこととなりました（図２・４・２）。ウェルヘッドの設置は無事に成功し、掘削パイプを一度船上に揚げて、地質試料採取用のビット（コアビット）を掘削パイプの先端につけて再挿入に挑みました。しかしここで、航海の最初から不調気味であった水中カメラの電力供給と画像・データの転送を行うケーブルがダメになってしまったのでした。船上での修理ができない規模のトラブルであり、このためこの航海期間中の温度計測装置の設置は不可能となってしまいました。そして、残された航海時間を考え、船上の会議では断層の地質試料の採取を残りの時間で行うことが決まりました。

地質試料の採取は、中央に穴の開いた試料採取用のビット（コアビット）を掘削パイプの先端に取り付けて掘削を行います。ビットの歯で中央の穴の部分だけ残すように地層を削っていくのです。掘り進むにつれてこの中央部分に残された地層は長くなり、掘削パイプの中にセットされている、コアライナーという回収容器に収納されます。9・5m程度の掘削を行うと、船上から掘削パイプ内にワイヤーを送り、このコアライナーを中に保存されている地質試料ごと船上に回収します。そしてすぐに新しいコアライナーを掘削パイプ内に降ろし、次の地質試料を削り始めます。ある区間を掘りとばす場合は、コアビットの中央部の穴にセンタービットという装置を取り付けて穴をふさぎ、試料を取らずに掘削を進めていくことができます。

5月11日、本航海の最後の孔になる掘削孔Eでの掘削作業が始まりました（図2・4・2）。本来は、海底表層から太平洋プレート上の玄武岩までのすべての地質試料を採取したいのですが、それをするだけの時間はすでに残っていませんでした。そのため、掘削同時検層のデータを元に、地質試料の採取計画が立てられました。もちろん、720mと820mあたりに確認されている断層の地質試料は間違いなく取らなくてはいけません。こうして5月14日に地質試料採取が始まりました。最初の試料は機器のテストを兼ねて、比較的海底から浅い180m程度のところから採取されました。回収率は9割近くあり、テスト結果は順調です。その後500m近い区間を掘りとばし、途中で荒天待機を挟みながら、海底下650m付近の試料を順調に回収しました。

しかし、それからさらに深くなり、720m付近の断層に近づいてくると、試料の回収率が低くなってきました。通常は1回の採取で９・５ｍ程度の地質試料を採取しますが、この区間を短くして回収率を上げる試みをすることにしました。船上へのコアライナーの回収には時間がかかります。時間の無駄のような気もしますが、肝心の試料が取れなければ意味がありません。しかし、その分地質試料を採取する区間全体の長さが短くなりました。14番目の試料採取区間あたりから、８２０ｍ付近の本命とみられている断層帯に近づいてきました。この時点で試料採取の終了時間まであと30時間となりました。そして、ついに金環日食の5月21日、海底下８２１・５～８２４ｍから採取された１ｍに満たない17番目の地質試料が採取されました。著しい変形構造が観察され、明らかに断層であることがわかりました。これが、のちに「奇跡のコア」とよばれるプレート境界断層の試料だったのです。

地質試料の採取は、その後も4回行われ、沈み込む太平洋プレートの上にあるチャート層の回収にも成功し、確実にプレート境界断層を掘り抜いたことが明らかになりました。地質試料の採取を行った区間は全長で１３７ｍ、そのうちの約53ｍで実際に試料を採取することに成功、回収率は約40％でした。航海予定期間ギリギリのタイミングでしたが、無事に目的の断層の回収に成功しました。しかし、水中カメラの不調と時間切れのため、二番目の目的である精密な温度計測装置の設置はかないませんでした。研究者たちは5月24日に下船し、各々帰国の途につきました。しかし、ＪＦＡＳＴ計画自体はまだ終わりではなかったのです。

IODP第343T次航海（JFAST Ⅱ）

時間切れで、肝心の温度測定装置の設置ができずに終了してしまったIODP第343次航海（JFAST Ⅰ）でした。しかし、すべった断層に残っている摩擦熱を計測しなくては、採取した断層試料が、東北地方太平洋沖地震ですべってできたものであることは証明できません。残っている摩擦熱は時間と共に消えていくので、時間との戦いとなります。実は、前の航海の最中に、温度計測装置の設置ができそうにないということが明らかになってきた時点で、予算の確保も含めて水面下では次の航海のプランニングが始まっていました。こうして2012年7月5日に地球深部探査船「ちきゅう」はIODP第343T次航海（JFAST Ⅱ）として再び日本海溝の掘削サイトに向かいました。

前述のように、掘削した孔に温度計測装置を設置するには、水中カメラが必須です。前回の航海で壊れてしまったケーブルはその後修理され、今回の航海に挑みました。航海には前回のように多くの研究者は乗船しませんでした。数人の限られた研究者のみが乗船し、乗船と共に精密な温度計測装置の組み立てが始まりました。もともと2種類の温度計測装置が考えられていましたが、今回設置するのは、もっともシンプルなものとなりました（図2・4・4）。これは、1000分の1℃を測定することができる高精度の温度記録器（温度ロガー）55個をゴム製の保護カ

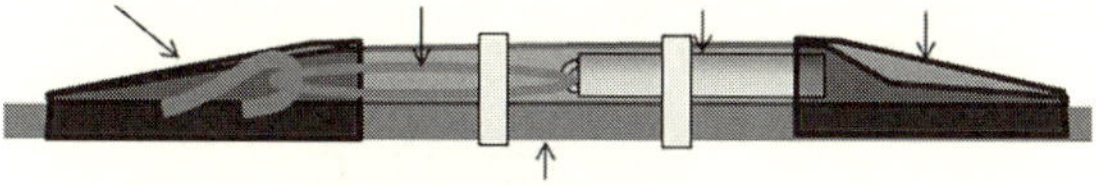

図2・4・4　設置した温度計測装置の構造
温度ロガーにはバッテリーとメモリが内蔵されている。©JAMSTEC/IODP

バーに入れ、ロープに数珠つなぎにした上で、４インチ半（約11㎝）のチュービングとよばれる鉄製パイプに入れて、掘削孔に挿入するというものです（図２・４・５）。温度ロガーは直接地層には接しないものの、チュービングの外側の地層がチュービングに接することによって、ある程度の時間をおけば、チュービング越しに地層の温度を測定できるというからくりです。それぞれの温度ロガーはバッテリーとメモリが内蔵されていて、そのうちのいくつかは深度補正用に圧力も測れるものが使われました。計測の間隔は、回収までの時間と測定する深度の地質情報に応じて、一つずつそれぞれの温度ロガーごとにセットされました。各ロガーの間隔は慎重に決められました。前回の航海でプレート境界断層とされた海底下８２０ｍ付近には密に配置され、海底近くではまばらに配置されました。

サイトに到着した「ちきゅう」は、前回の航海でウェルヘッドが設置されている掘削孔Ｄで掘削を開始しました。今回はすでに断層の深度がわかっているため掘削同時検層を行う必要はありません。ドリルビットにマッドモーターを組み込むことによって、掘削パイプに過大な負荷を

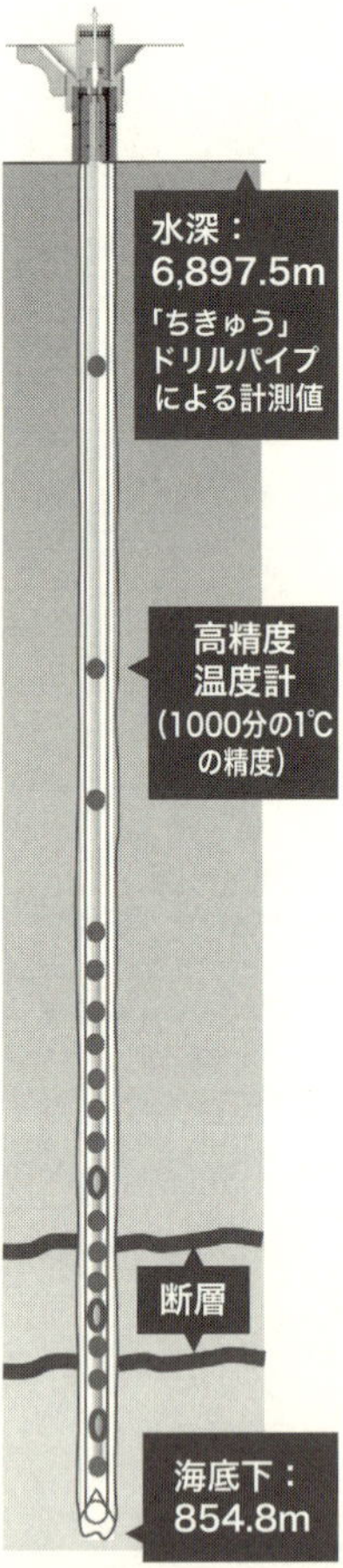

図2・4・5　長期孔内温度計測装置の設置概略

直径約11cmのパイプに温度計測装置を挿入した。パイプの中の温度ロガーの位置は、断層の位置などに合わせて決められた。©JAMSTEC/IODP

かけることなく（p１６８掘削孔Ｃの失敗参照）掘削を行いました。通常の掘削は船上にあるモーターで掘削パイプ自体を回して行いますが、このマッドモーターは掘削パイプ内に送られる掘削流体（ほぼ海水）の水圧でドリルビットそのものを高速回転し、地層を掘削するものです。前回の掘削同時検層ツールでの計測を行っていたこともあって、前回は2日ほどかかったプレート境界までの掘削は、約15時間後にチャート層にドリルビットがあたり、海底下８５４・８ｍの８インチ半（約21センチ）の孔が掘削されたところで、終了しました。一度全ての掘削パイプを船上に引き揚げて、温度計測装置の設置の準備が始まります。

温度計測装置の準備には、まず８３０ｍ程度の長さのチュービングをつなぎ、船上から海中に吊り下げます。そのチュービングの内部に、ロープでつないだ温度ロガーを入れていきます。まだ余震の続くこの海域では、温度計測を行っている間に断層がさらにすべり、海底下のチュービングが歪《ひず》み、内部のロープを引き上げられないことも予想されました。そのような場合でも、少なくとも一部の温度ロガーは回収できるように、ロープはいくつかのセクションに分けられていて、それぞれのセクションはウィークリンクとよばれる、ロープの対荷重以下の引っ張り荷重で切れるようなリンクでつながれていました。全長８２０ｍのロープを55個の温度ロガーと共に、チュービングに入れていきました。ロープの上端には、回収時に無人探査機（ＲＯＶ）がフックを引っ掛けるようにできているハンガーが取り付けられました。次に、ランニングツールコネク

図2・4・6　掘削パイプ下端に取り付けられたランニングツール（切り離し装置）には大きく「CHIKYU WASURENAI 3.11」という文字が書かれた。これには計画に参加した大勢の技術者・研究者の想いが込められている。
©JAMSTEC/IODP

ターを介して、掘削パイプ下端に取り付けられたランニングツール（切り離し装置）と温度計測装置をつなぎます。

ここで乗船者たちは、温度計測装置の設置が成功したら、永久に海底に残されることになるランニングツールコネクターに、この計画に参加した大勢の技術者・研究者の未曾有の災害に遭われた人々への想いとして「CHIKYU WASURENAI 3.11」と文字を書きました（図2・4・6）。こうして温度計測装置は水中カメラと共に海中に降ろされ、水深6897・5mの海底にある掘削孔Dのウェルヘッドを目指しました。ウェルヘッド発見から約6時間後に温度計測装置の再挿入に成功し、それから約8時間後無事に切り離しにも成功しました。こうして今回の緊急掘削調査航海の一番「緊急」であった地震ですべった断層の摩擦熱計測が始まりました。「ちきゅう」は７月19日に八戸港に入港し、ＪＦＡＳＴⅡ航海は成功裏に終了しました。

温度計回収航海

ＪＦＡＳＴⅡで掘削孔Ｄに設置した温度計測装置には55個の温度ロガーが取り付けられていました。ＪＦＡＳＴＩで回収した断層が実際に東北地方太平洋沖地震の時にすべった断層かどうかを明らかにするには、この温度計測装置の温度ロガーに記録されたデータが必要です。海洋研究開発機構の無人探査機（ＲＯＶ）の「かいこう７０００Ⅱ」を搭載した深海調査研究船「かいれい」が、温度ロガーの回収作業のために設置から約９ヵ月経った２０１３年４月21日に横須賀を出港しました。掘削孔Ｄの海域についた「かいれい」から「かいこう７０００Ⅱ」が降ろされ、ソナーを使ってウェルヘッドの探索が始まりました（図２・４・７）。掘削孔Ｄの緯度・経度は正確にわかっています、しかし７０００ｍに近い水深の海底にある直径50㎝程度のウェルヘッドを見つけるのは困難を極めました。実は、「かいれい」と「かいこう７０００Ⅱ」はこの航海に先立つ２０１２年10月と２０１３年２月にこの海域を訪れ、ウェルヘッドの探索を行っていました。10月の時はなんとかウェルヘッドを発見することに成功しましたが、２月の時は見つけるこ

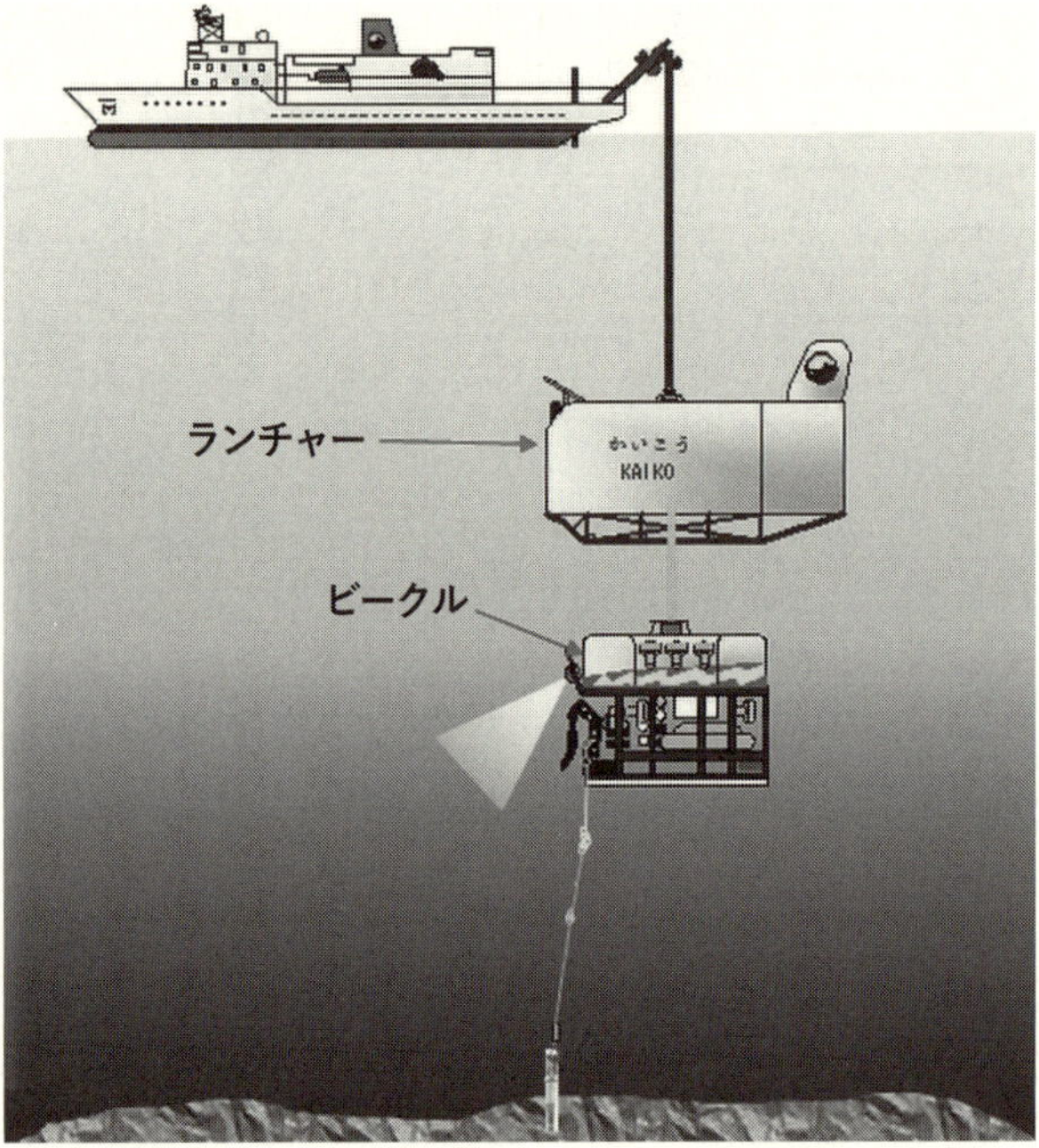

図2・4・7　深海調査研究船「かいれい」から無人探査機（ROV）「かいこう7000II」が降ろされ、ランチャーとビークルが垂直になるように設置され、温度計測装置の回収を行ったときのイメージ図。©JAMSTEC

とができなかったのです。

途中荒天待機を挟んだりしましたが、4月26日についに「かいこう7000Ⅱ」はウェルヘッドをソナーで発見することに成功しました。その後、カメラによってウェルヘッド内の引き上げ用のカギ「ROVフックリンク」も確認されました。洋上の「かいれい」、海中の「かいこう7000Ⅱ」ランチャー（親機）、そして、「かいこう

７０００Ⅱ」のビークル（子機）が垂直に配置するように「かいれい」のポジションを調整し、ビークルのマニピュレータで回収用フックをＲＯＶフックリンクに引っ掛けると、ランチャーと「かいれい」をつなぐ一次ケーブルを巻き上げ、回収を開始しました。余震の続くこの海域で、海底下に設置したチュービングが温度計測中に歪んでしまうことは十分に考えられました。温度ロガーを取り付けたロープには３ヵ所のウィークリンクがあり、これらのウィークリンクの強度はランチャーとビークルをつなぐケーブルよりも弱く設定してありました。しかし、もしウィークリンクが切れなかった場合は、無人探査機側の回収フックについているロープを切断し、「かいこう７０００Ⅱ」を守るように計画されていました。もちろんこの場合は温度計測装置の回収は断念することになってしまいます。

無人探査機にはカメラがついていますが、ロープの長さは８００ｍ以上あり、海中で目視によって回収を確認するすべはありません。回収フックはロードセルというバネで重さを計る装置につながっていましたが、船上でその計測値を見ていてもすべての温度ロガーが孔から抜けたのかはわかりませんでした。つまり、実際に55個すべての温度ロガーが回収されたのか、それともロープがどこかのウィークリンクで切れてしまっているのかは、すべてのロープを船上に回収しなくてはわかりません。「かいこう７０００Ⅱ」がついに海面にあらわれ、回収フックに引っ掛けられたＲＯＶフックリンクが目視されました。ここからは乗船している研究者たちがロープを船上に引き揚げました。一つ一つ温度ロガーの数を数えながら船上に引き揚げていくと、55個目の温度ロガーのカバーに、「よくガンバッタ‼　かいこうチーム回収ありがとう‼」という文字がありました。JFASTⅡで温度計測装置を組み立てた時の技術者の粋な計らいでした。こうして、約9ヵ月ぶりに無事温度計測装置が回収され、「かいれい」船上ではさっそく55個の温度ロガーからデータの取得が始まりました。

得られた科学的成果

今回のプロジェクトでは、掘削同時検層のデータ、地質試料による実際の地層そのもの、そして地層の温度計測データが得られました。このうち掘削同時検層の比抵抗による孔内イメージデータの解析から、孔内にかかっている応力の方向を知ることができます。もっとも弱い応力を受けている方向に孔壁が崩壊し始めますが、その崩壊はイメージとして記録されます。このデータを解析することによって、地震発生後のプレート境界断層の上盤内の応力状態はおおむね正断層型（伸長応力場：引っ張り応力場）であったことが明らかになりました。これに対して、これまでの研究などから、地震前のプレート境界断層の上盤は逆断層型（圧縮応力場）であったと考えられており、地震時に海底に比較的近いこの場所でも応力の解放があったことが示唆されました。

温度ロガーデータの解析を行うと、温度計測装置を設置して最初の数ヵ月は、地温勾配と深度から求める本来地層が持っているバックグラウンド温度と比べて低い値を示していました。これは、掘削時に地層温度よりも冷たい海水を循環させたために起きていたと考えられ、その後２０12年の12月くらいから、プレート境界断層とみなされていた海底下８２０ｍ付近で高い温度異常が検出されました（口絵２・４・１）。この場所は、17番目の地質試料が得られた深さでもあり、あの地質試料はまさに今回の地震ですべった断層であったことが証明されました。ここで観測された温度異常は、周りの地層と比較すると、０・３１℃高く、地震の発生からの時間を考慮すると、地震発生時のプレート境界断層の摩擦係数は約０・１という値となり、この断層が非常にすべりやすかったことが示されました。

海底下８２０ｍ付近で採取された17番目の地質試料は、沈み込む太平洋プレートと北米プレートの境界断層と見なされました。回収された試料は０・９７ｍにすぎませんでしたが、そこに見られたのは太平洋プレートの上に堆積した遠洋性堆積物であり、断層帯特有の著しい変形構造を示していました。この試料の上下で得られた、16番目と18番目の地質試料ではそのような変形構造は確認されませんでした。掘削区間の長さに比べて、試料の回収区間が短いものの、仮に16番目の試料の最下部から18番目の試料の最上部までが17番目の試料と同様の断層帯であったとしても、その区間は４・８６ｍしかなく、プレート境界断層の厚さは５ｍ以下であることが明らかになりました。

プレート境界断層であり、今回の地震ですべった断層であった17番目の試料のX線を使った分析が行われ、どのような粘土鉱物が含まれているのかがわかりました。その結果8割近い部分をスメクタイトとよばれる粘土鉱物が占めていることがわかりました。この粘土は化粧品のファンデーションの原料にも使われるもので、粒子サイズが数ミクロンと非常に小さく、内部に水分を保持する一方、水を通しにくい性質を持っています。このプレート境界断層の地質試料を使って、すべり実験も行われました。実際の地震の際に動いたと考えられるスピード（1・3m／秒）での高速摩擦実験の結果求められた摩擦係数は、0・1前後を示し、同じ地層の温度異常から求められた摩擦係数とほぼ同じ値を示しました。これは一般の岩石の摩擦係数（0・6から0・85）と比べ、とてもすべりやすいことを示しています。また、南海トラフの断層から得られた摩擦係数0・2と比べても、一段と低い（すべりやすい）値でした。

このすべりやすいスメクタイトは同時に水分を保持することで、よりすべりやすくなります。断層が地震によってすべり始めると、摩擦熱が発生し、すべり面の温度は数百℃にも達するといわれています。この温度上昇によって、断層帯内部に含まれる水分は膨張し、圧力（静水圧）が増加します。しかし、膨張した水分は断層内から抜け出すことができず、断層面の摩擦係数をますます下げる方向に働いてしまいます。これをサーマル・プレシャライゼーション（摩擦熱による間隙水圧上昇）とおよび、地震発生時にすべり始めた断層の「潤滑油」となってしまうのです。初めに述べたように、日本海溝近くでは堆積物が柔らかく、深いところで発生した地震のすべりを海底まで伝えないだろうと考えられていました。しかし、すべりやすく水分をためやすい物質でできていたプレート境界断層は、一度すべり始めると、摩擦熱で膨張した水分がますます断層をすべりやすくし、最終的に海底面まで達する地震断層ができることで、海底を大きく変形させ、さらにその上の海水を押し動かした結果、大規模な津波を引き起こすことになったのでした。

「ちきゅう」だからこそ

2011年3月11日の東北地方太平洋沖地震発生直後に、世界の研究者たちが提案した地震断層緊急科学掘削提案は、8ヵ月という短い期間で準備され、地球深部探査船「ちきゅう」によって実施された前人未到の大水深でのプレート境界断層掘削によって、現実のものとなりました。二度の航海によって、地震ですべった断層を見つけ、それを採取し、残っている摩擦熱を計測することで、このプロジェクトは成功しました。そして、その後の研究によって、日本海溝の海底の大変動の原因と、それによって発生した巨大津波の原因を解明することができました。ここで得られた知見は、国の防災計画の見直しにも使われ、以後の地震・津波防災に役立つことになりました。この計画を動かした世界中の研究者・技術者の心に常にあったのは、あの未曾有の災害で命を落とされた人々のことであり、その災害のメカニズムを予見できなかったことへの反省と、それを解明するための新たな挑戦でありました。地球科学とそれを支える技術が災害に対してなにができるのか、その思いがこの計画を達成したといっても過言ではないと思います。末筆となりましたが、東北地方太平洋沖地震で亡くなられた方々のご冥福を心よりお祈りいたします。

2・5　南海トラフはどうなる

プレート境界での地震発生メカニズム解明のために

2016年4月1日紀伊半島沖南海トラフのプレート境界で、マグニチュード6・5の地震が発生しました。これは72年ぶりにプレート境界で発生した地震でした。南海トラフとは南東方向から北西に移動してくるフィリピン海プレートが、ユーラシアプレート（あるいはアムールプレート）の下に沈み込むことによって生じた、駿河《するが》湾から九州沖にかけての水深4000m級の溝

（トラフ）のことをいいます。ここでは過去にマグニチュード８クラスの地震が繰り返し発生しており、２０１８年に地震調査研究推進本部から出された「今後30年以内の巨大地震発生確率」は70〜80％程度であるとされています。

南海トラフ地震発生帯において、巨大地震の発生メカニズムを解明するためのプロジェクト「南海トラフ地震発生帯掘削計画」が現在進行中です。この掘削計画は、今から20年以上前、１９９７年に代々木で行われた国際会議から始まりました。21世紀の深海科学掘削計画を議論するこの会議で、日本は、科学掘削のための掘削船を建造する計画を宣言しました。この掘削船は科学目的で初めてライザー掘削能力を持つ船であり、これまで行われてきた深海科学掘削計画が到達できなかった深度までの科学掘削を目的とした船でした。この船が、現在の地球深部探査船「ちきゅう」です。

この会議では、「プレート境界での地震発生メカニズムの解明」を、21世紀の新しい国際科学掘削計画の科学目標の一つとすること、そのための掘削地点を南海トラフの地震発生プレート境界とすることで合意しました。こうして、２００１年にこのプロジェクトの掘削提案書が統合国際深海掘削計画（Integrated Ocean Drilling Program：ＩＯＤＰ）に提出され、２００５年に就航した地球深部探査船「ちきゅう」によって２００７年から南海トラフで掘削が始まりました。その後、２０１３年から始まった、新しいＩＯＤＰ、国際深海科学掘削計画(International

Ocean Discovery Program）でも継続し、現在も進行中です。プレート沈み込み帯で巨大地震が発生する地域は世界中にありますが、世界中の研究者からこの南海トラフが選ばれたのは、これまでの繰り返し起きた地震の記録があり（もっとも古い記録で684年に起こった白鳳《はくほう》地震）、世界中で一番研究が進んでいる場所であること、そして、地球深部探査船「ちきゅう」の掘削能力で地震発生帯そのものに到達することができそうであったからです。

南海トラフ地震発生帯掘削計画

2003年から2013年にかけて行われた、IODPのために、2001年に出版された科学計画書（IODPが10年で実施するべき科学計画）には、「沈み込み帯巨大地震の解明」という章が設けられていました。これは、沈み込むプレートとその上に載る堆積物の物性から、沈み込み帯の物理・化学・水理状態の変化の評価、掘削孔を使った観測、そして地震発生帯そのものへの超深度掘削などを行うことによって、総合的に巨大地震発生帯を理解するというものでした。この科学計画のもと、前述の掘削提案書で提案された「南海トラフ地震発生帯掘削計画」は、IODP科学評価パネルの承認も受け、掘削計画の策定が始まりました。まず2006年には掘削調査に先立ち、日米共同で紀伊半島沖熊野灘の沈み込み帯における海底下の三次元地震波構造探査が行われました。これは三次元で海底下の地層がどのような構造になっているかを調べる調査です。この結果、沈み込むフィリピン海プレートから、複雑な構造をした付加体、海洋地殻、そしてプレート境界断層までがきれいに見えたのです（図２・５・１）。この調査結果をもとに、詳細な掘削地点が決められて、２００７年からこの海域で、地球深部探査船「ちきゅう」による掘削調査航海が始まりました。

沈み込み帯のプレート境界では、浅い部分は堆積物がまだ柔らかく、歪《ひず》みを溜めないので地震は起きないと考えられており、またプレート境界が非常に深くなると、今度は熱で岩石が柔らかくなるので、やはり地震を起こすことはないと当時は考えられていました。実際に巨大地震を起こしているのは、中間の深さ7～30㎞程度の深度で、沈み込むプレートと沈み込まれるプレート同士が固着し、歪みがたまる領域（固着域、アスペリティともよぶ）であると考えられています。このプロジェクトでは、沈み込むフィリピン海プレートから、付加体の全域にわたる掘削調査を実施し、最終的に地震発生帯プレート境界断層の地質試料の採取と、掘削孔内の継続観測を行うことが目標となっていました。解明すべき仮説は、①系統的・順次的なプレート境界の物質・状態変化が、地震発生断層でのすべりを支配する、②沈み込み帯のプレート境界断層を含む巨大断層は弱く、比較的小さいせん断応力ですべりが生じる、③地震発生帯では、プレート運動によるずれは主に地震活動による摩擦すべりによって解消される、④断層帯での物性・化学組成・状態は地震発生サイクルを通じて時間的に変動している、⑤巨大分岐断層は個々の巨大地震

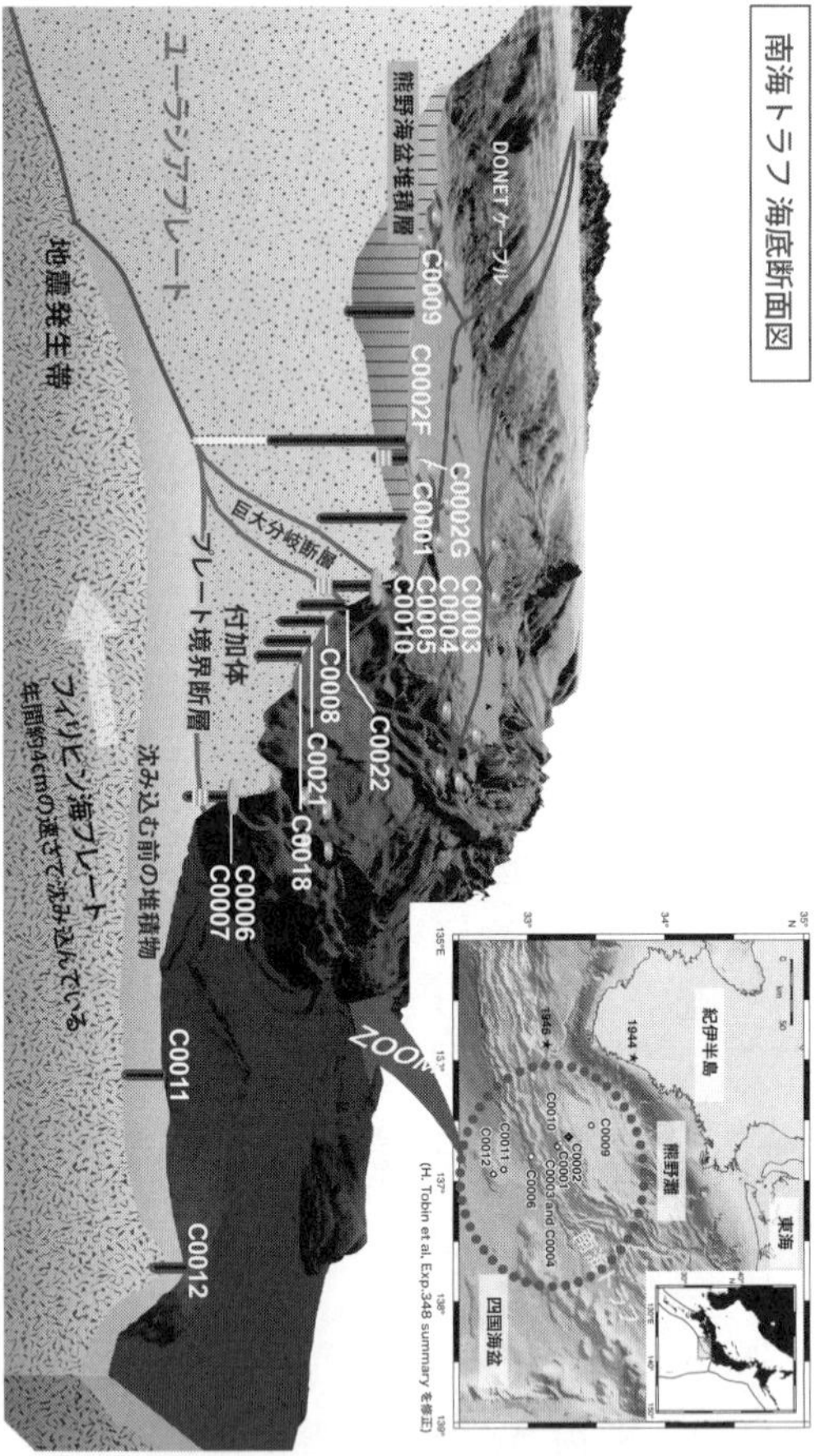

図2・5・1　南海トラフ地震発生帯掘削計画のターゲットとなる海域、和歌山県紀伊半島沖熊野灘の位置（右上）と、南海トラフ地震発生帯の海底下断面図

ユーラシアプレートの下部にフィリピン海プレートが年間約4cmの速さで沈み込んでおり、海洋性由来の堆積物が付加してできた複雑な堆積層（付加体）を形成している。掘削地点15地点のうち、3地点に長期孔内観測システム（C0002、C0010、C0006）が設置され、海底下の動向をリアルタイムでモニタリングしている。©JAMSTEC/IODP

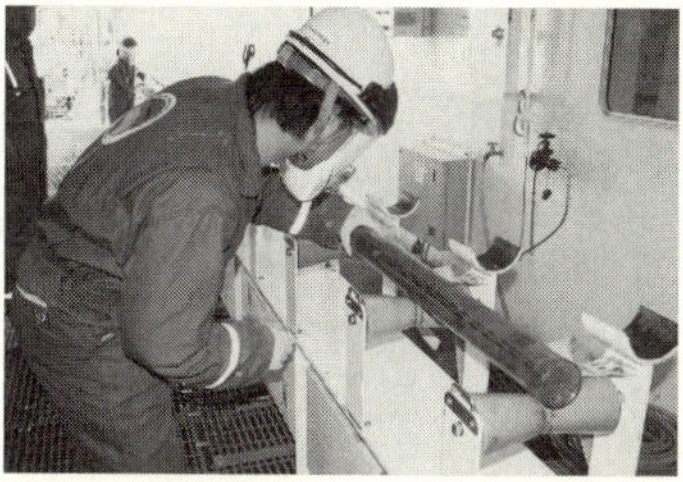

図2・5・2　船上のコアカッティングエリアで採取されたばかりの地質試料の状態や表面を確認する研究者　©JAMSTEC/IODP

活動ですべりを生じ、津波を発生する原因となる、ことでした。

このプロジェクトでは、２００７年9月からこれまでに12回の「ちきゅう」による研究航海が行われました（図２・５・１）。掘削地点は15地点、そこに掘られた掘削孔は68、掘削総延長は約34㎞におよび、長さ約４㎞の地質試料が回収されています。世界15ヵ国から約２３０人の研究者がこれまで「ちきゅう」に乗船してこのプロジェクトに関わり、プロジェクトの集大成ともいえる、地震発生帯プレート境界への掘削航海が２０１８年秋から２０１９年春にかけて行われています。ここでは、これまでに行われた掘削航海を振り返ってみたいと思います。

２００７年から２００８年に行われた3航海では、熊野海盆から、付加体斜面、そして付加体先端部にかけて掘削を実施しました。掘削同時検層を実施し、それぞれの場の地層の物性を明らかにするとともに、ほぼ同じ場所で地質試料の採取を行いました（図２・５・２）。これらの航海は「ちきゅう」の最初の科学掘削航海でもあり、さまざまな技術的問題もありましたが、巨大分岐

図2・5・3　船上のコアラボで半裁された地質試料の表面観察を行い、議論する研究者たち ©JAMSTEC/IODP

図2・5・4　船上のラボマネージメントデッキのオフィスで、取れたばかりの掘削同時検層（LWD）のデータを紙に印刷して、ターゲットとしているプレート境界断層がどこであるかを議論している研究者たち ©JAMSTEC/IODP

断層浅部と、付加体先端部のプレート境界断層前縁部から得られた地質試料の解析結果から、地震性すべりの名残を示す証拠を発見することに成功しました（図2・5・3、2・5・4）。地震断層は、その変形によって破壊された岩石（断層破砕帯）に挟まれ、断層そのものは非常に薄いものですが、地層中に残された熱履歴を見ると、これらの断層はかつて高い熱を持ったことが明らかになり、非常に速い速度ですべったことを示しています。また、巨大分岐断層の浅部や、付加体先端部のプレート境界断層前縁部がすべった証拠が得られ、この時に大規模な津波を起こしたことが示唆されます。実際、浅い部分の堆積物の構造（X線によるCT画像、口絵2・5・1）から、海底面近くの断層が動くことによって巻き上げられた堆積物が再堆積

図2・5・5　船上のドリルフロアから海底に向けてライザーパイプを降ろす様子　©JAMSTEC/IODP

した様子が明らかになり、１９４４年の東南海地震の津波を引き起こした断層が特定されました。

２００９年には2航海が行われ、このうちの1航海では科学掘削で初めてライザー掘削が行われました（図２・５・５）。付加体の上にたまっている熊野海盆の堆積物を掘り抜いて、付加体上部まで掘削同時検層を行うとともに、付加体上部の地層の地質試料の採取に成功しています。このプロジェクトの最終目的であるプレート境界固着域への掘削にはライザー掘削が不可欠であり、そのテストも兼ねた航海でした。最終的に地震発生帯を目指す掘削地点は、同時に黒潮の主流が流れるところでもあります。世界的にも流速が非常に速い黒潮の中に直径の太いライザーパイプを降ろし、その後数ヵ月にわ

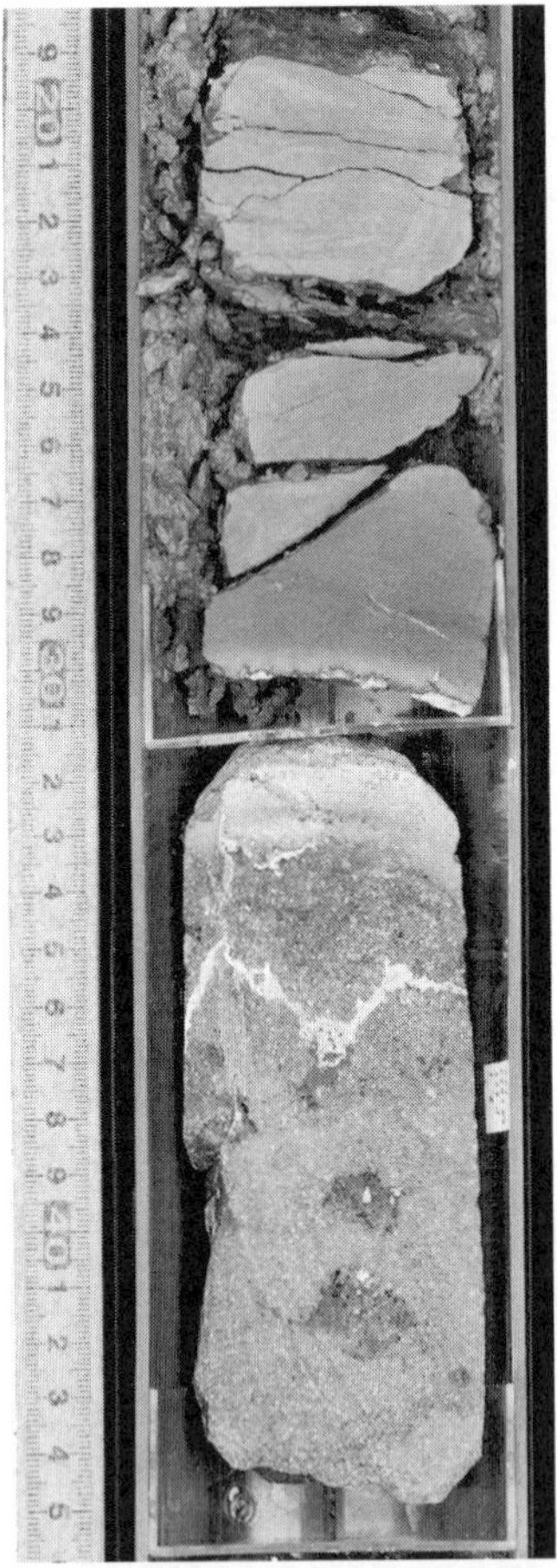

図2・5・6　掘削地点C0012で得られた地質試料

フィリピン海プレート上の堆積物と、その下部の基盤岩が含まれている。

図2・5・8　2009年の研究航海で掘削地点C0002の巨大分岐断層浅部に設置した簡易型孔内観測システム　©JAMSTEC/IODP

図2・5・7　船上から海底に向けて降ろす噴出防止装置
©JAMSTEC/IODP

たって掘削作業を行うことは、前人未到のチャレンジです。そのために開発した整流装置（ライザーフェアリング）のテストもこの航海で行われました。さらにこの航海では、プロジェクトで初めて孔内観測システムが設置されました。巨大分岐断層が海底面に現れているところで、その分岐断層を貫く掘削を行い、継続的に温度と圧力変化を記録することができる簡易型孔内観測システムの設置です。このシステムは、バッテリー内蔵型で、計測データはメモリに保存されます。また、この年には沈み込むフィリピン海プレート上での掘削も行われ、今後巨大地震発生帯に運び込まれるフィリピン海プレート上の堆積物とその下の基盤岩の採取に成功しました（図2・5・6）。

2010年夏から2011年初めにかけては、三つの航海が行われました。最初の1航海は、本プロジェクトの最終目標であるプレート境界へのライザー掘削を行うために、海底面にウェルヘッドを設置するというものでした。掘削地点は、水深が2000m弱で、プレート境界地震発生帯のもっとも浅い部分に位置し、海底下5200m程度でプレート境界断層に到達できる地点です。この地点の海底に、直径36インチ（約90㎝）という大きなサイズのケーシングパイプを海底下54mまで設置し、その中に直径20インチ（約50㎝）のケーシングパイプを海底下860mまで挿入しセメントで固めることで、将来のライザー掘削の際に使用する、380トンの重さのある噴出防止装置（Blow Out Preventer：BOP）（図2・5・7）を安全に海底に設置するための土台作りを行いました。黒潮に苦しめられたものの、無事にこの航海は成功しました。

2航海目の目的は、地震発生帯のモニタリングです。この航海では、この目的を達成するために2種類の孔内観測装置の設置を行いました。2種類のうち、一つは2009年の航海で、南海トラフの陸側斜面に向かってのびている巨大分岐断層の浅い部分に設置した簡易型孔内観測システム（温度・圧力センサーのみ、図2・5・8）を、アップグレード版（温度・圧力に加え、地層内流体採取・微生物培養装置）に入れ替える作業、そして、もう一つは初めての長期孔内観測システム（Long-term Borehole Monitoring System：LTBMS、図2・5・9）の設置でし

図2・5・9　2016年の研究航海で掘削地点C0010に設置した長期孔内観測システム　©JAMSTEC/IODP

図2・5・10　2013年の研究航海で当時の海洋科学掘削初となる世界最深掘削（海底下3058.5m、水深1939m）に成功したことを喜ぶ研究者　©JAMSTEC/IODP

た。掘削孔を観測目的で積極的に使うということは、これまでにも行われてきました。そのなかで、南海トラフの強みはＤＯＮＥＴ（Dense Oceanfloor Network system for Earthquakes and Tsunamis：地震・津波観測監視システム）がすでに設置されており、掘削孔内に設置した観測機器をＤＯＮＥＴに接続し、観測機器への電力供給を継続的に行い、観測機器からのデータをリアルタイムで陸上に転送することができる点です。黒潮の流れる海域での２０００ｍ近い水深での長期孔内観測システムの設置はさまざまな困難があります。海流の中に観測機器を下げていくと、渦励振《うずれいしん》という現象が起こり、パイプが振動を始めます。この振動は精密な観測機器に悪影響を与えます。実際、試験的にダミーの観測機器を降ろした時には壊れてしまいました。今回の航海では、この渦励振の影響をなくす工夫も取り入れられました。長期孔内観測システムは、その後２０１６年に巨大分岐断層浅部に簡易型孔内観測システムと入れ替える形でも設置され、また２０１８年には、水深４０００ｍを超す付加体先端部にも設置され、それぞれがＤＯＮＥＴと接続されて、リアルタイムのデータを地上に送り続けています。

３航海目では、沈み込んでいくフィリピン海プレート上と付加体斜面で掘削が行われました。２００９年に行われた航海の成果を補完する掘削がフィリピン海プレート上で行われ、沈み込む堆積物および基盤岩である玄武岩の採取に成功しています。また、付加体斜面からは、繰り返し起きている海底地すべりによる堆積層の採取に成功し、地すべり層の内部の変形構造などが明らかになりました。

引き続き、２０１２年から２０１４年にかけて2回のライザー掘削が行われました。これはプレート境界の地震発生帯を目指す超深度掘削です。２０１０年に海底に設置したウェルヘッドに噴出防止装置を接続し、ライザー掘削が始まりました。ライザー掘削は、ライザーレス掘削と比べて時間・費用ともに大掛かりなオペレーションになりますが、同時に多くの利点があります。一番の利点は、船と掘削孔内を直接つなぐことができるため、孔内圧力の増加に対応できる掘削流体（泥水《でいすい》）を送ることができるということです。これによって、ライザーレス掘削では到達できない海底下深部への掘削が可能になります。この航海の予定では、海底下２３００ｍまで掘削同時検層で掘削を行い、最初のケーシングパイプを設置し、その後海底下３６００ｍまで掘削同時検層で掘削を行い、２本目のケーシングパイプを設置する予定でした。しかし、天候状態の影響などによるライザー機器のトラブルで、海底下２００５ｍまでで、この航海でのライザー掘削は終了となりました。ライザー掘削はできなくなったものの、本航海では、沈み込むフィリピン海プレート上の、これまでに地質試料を採取してある地点での掘削同時検層による、連続した地層の物性データの取得や、付加体斜面の浅部での掘削同時検層や地質試料採取が行われました。

２０１３年の航海で、「ちきゅう」は同じ孔に戻りました。前回２００５ｍまでの掘削を行っていますが、ケーシングパイプの設置を行うことができなかったので、以前に掘削した孔を続けて掘削することは不可能です。海底面に設置してあるウェルヘッドと海底下８６０ｍまで設置してある直径20インチのケーシングパイプはそのままにして、前回掘削した孔の上部をセメントで埋めたのち、元の孔から枝掘りを行うように新たな掘削を開始しました。今回も掘削同時検層で地層の物性データを取得しながらの掘削です。海底下２３３０ｍまでの掘削を終え、ケーシングパイプの設置を行う時に問題が生じました。海底下２０１０ｍまでしかケーシングパイプを降ろすことができず、掘削した深度まであと３２０ｍほど孔を保護することができなくなったのです。ケーシングパイプを予定より浅く設置し、引き続き深部に向けての掘削を開始しましたが、ケーシングパイプの下端から数十ｍ掘り込んだところで、掘削パイプがつかえてしまいました。

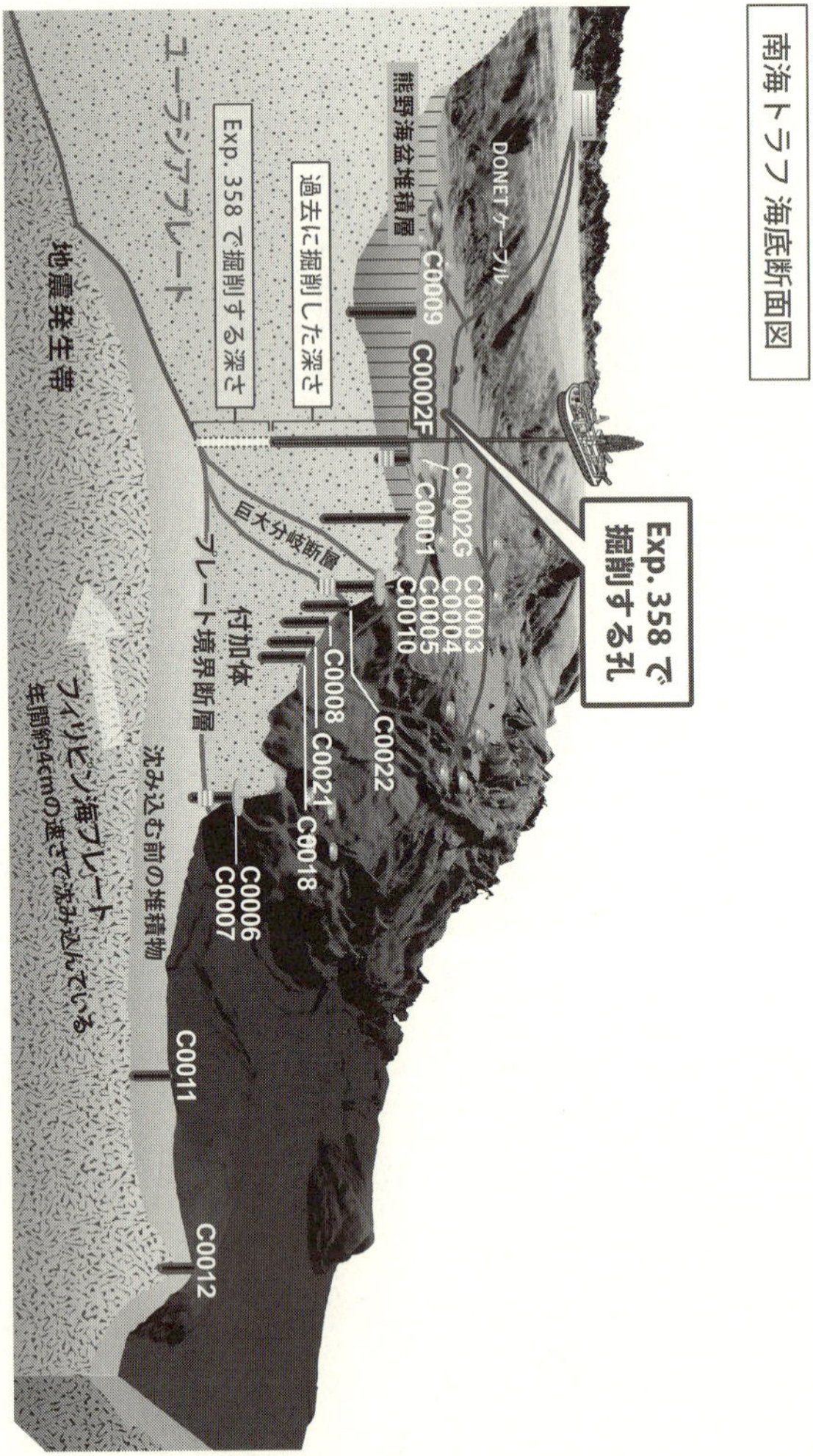

図2・5・11　2018年10月から半年かけて行われた「南海トラフ地震発生帯掘削計画」の集大成となる研究航海で掘削を行うC0002の位置と掘削深度、めざすプレート境界断層の位置を示す。©JAMSTEC/IODP

押すことも、引くことも、回すこともできなくなり、この位置で掘削パイプを切断するほか手段がなくなりました。こうなってしまうと、同じ孔をさらに深く掘ることはできませんので、最後のケーシングパイプの途中（海底下約１９００ｍ）から、また枝掘りによって、新たに掘削を再開しました。海底面にある孔口は1ヵ所ですが、海底下ではこれで3孔目となりました。最終的に、海底下３０５８・５ｍの掘削に成功し、この深度は当時の科学掘削における最大深度となりました（図２・５・10）。しかし、前回と同様に、この深度までのケーシングパイプの設置は、孔壁が崩壊していることによってこの深度まで達成できず、海底下約２９００ｍまでの設置にとどまりました。この航海の終了後、孔壁の安定性についての研究・分析が行われ、この不安定な孔壁は、付加体に特有の傾きが急な地層による問題であることが明らかになりました。

２０１８年10月から「南海トラフ地震発生帯掘削計画」の集大成となる、プレート境界断層へ向けての掘削航海が行われました。この航海で目指すのは、付加体内部の地層の連続した物性データを掘削同時検層によって取得し、同時に掘削によって生じる岩石片（カッティングス）を用いて、付加体深部の岩質・組成を明らかにすること、そして孔内実験を行って、現位置での応力場や間隙水圧を測定することです。そして、最終目標である、地震発生帯浅部のプレート境界断層の位置を明らかにし、断層直上と断層そのものの地質試料を採取することです。前人未到のチャレンジングなオペレーションです。この航海では、前回の航海で海底下３０５８ｍまで掘削し、海底下2900mにケーシングパイプを設置した同じ孔を、さらに2000m以上掘り進み、南海トラフ地震発生帯のプレート境界断層を目指します（図2・5・11）。

前回までの航海で学んだように、崩れやすい付加体を掘削するためにさまざまな準備が行われています。時間と共に崩壊を始める付加体の地層に対して、できるだけ早く掘削し、早くケーシングパイプを設置して、その区間を保護することが必要です。そのために、一度に行う掘削区間を短くすることとしました。これまでは一度に1000mからそれ以上の区間を掘削していましたが、それを800m以下とすることで、孔壁が崩壊し始める前にケーシングパイプを設置するようにします。しかし、ここで問題は、ケーシングパイプの数を増やすことで、通常は、前のケーシングパイプより径の小さなものでないと設置ができないため、最終的なケーシングパイプの直径が小さくなってしまうことです。そうなると、最終的な目的深度までの掘削が不可能になります。そのため今回の航海では、エクスパンダブルケーシングという自己拡張型のケーシングパイプを使用することにしました。これによってケーシングパイプを設置した後に、そのケーシングパイプを一つ前のケーシングパイプの径とほぼ同じ大きさに拡張することができるので、内径を小さくすることなく掘り進むことができるようになります。それ以外にも、孔壁にある細かな割れ目に水分が浸透するのを防ぐために、割れ目を効果的にシールする添加物を泥水に加えたり、掘削によって生じるカッティングスを効果的に除去する添加物を準備したり、泥水循環の途切れによる孔内の圧力変化を防ぐために、連続循環システムを導入したりします。また、船上と陸上の技術者・研究者が一つのチームとなって、24時間体制で掘削同時検層のデータや、回転数やビットにかかる荷重などの掘削データをモニターすることで、孔内状況の把握を行うことになっています。同時に、以前の航海で経験した、気象・海象の変化に対する対応も、さまざまなシミュレーションを通して改善されており、万全の態勢で航海に挑んでいます。

第3章 人類と深海

3・1　海洋酸性化と深層循環

増加し続ける大気中の二酸化炭素

今や地球温暖化を進行させるガスとしてすっかり悪者になってしまった二酸化炭素（CO_2）。いうまでもありませんが、二酸化炭素は私たちを含めた地球上のすべての生物の代謝に関係する大切な気体の一つです。もちろん海の中の生物も二酸化炭素を吐いたり吸ったりして生きています。この二酸化炭素が現在、地球の長い歴史のなかでもっとも速いスピードで増加し続けていることをご存知でしょうか。

私たち人類が文明社会を維持してゆくためにはエネルギーが欠かせません。今日、私たちの生活が豊かであるのは、絶え間なく供給されるエネルギー、すなわち電力があるからといえます。電力の多くは太古の生物を起源とする有機物が変性してできた石油、つまり化石燃料を燃やすことでつくられていますが、この代償として大気中に大量に放出されてしまうのが二酸化炭素です。ここで放出される二酸化炭素は、1年間あたりの炭素量に換算すると、２０１３年時点でおよそ９・３ギガトン（Gtと書く。１Gtは10の９乗トンに相当）といわれています。18世紀後半の産業革命以後、私たち人類は大量の化石燃料を燃やすことでエネルギーを得、文明を発展させてきました。この１世紀ほどの間に放出された炭素の量はおよそ６００Gt、この間に大気中の二酸化炭素濃度は産業革命以前の２８０ppm（１ppmは０・０００１％）から１２０ppm以上も上昇し、ついに４００ppmの大台を突破しました。

大気中に放出された二酸化炭素はその後どうなるのでしょうか。現在の知見では、２分の１が大気中に残り、４分の１は陸上の森林が吸収します。そして最終的に残った４分の１は海洋に吸収されることがわかっています。しかし、この海洋に吸収される二酸化炭素が、海洋環境や生態系に大きな影響をもたらす可能性があることが最近わかってきたのです。

この章では、私たちの生活する地球表層の話から始めることにしましょう。

海洋酸性化とは何か？

中学理科の授業で、液体の性質を示す一つの指標としてpH（ペーハー、ピーエイチ、水素イオン濃度指数ともいう）について学習します。たとえば酸性はレモンなどなめると酸っぱい、中性は水、アルカリ性は石けんのようにぬるぬるする、などと覚えているかもしれません。海水の化学的状態を知るのにもこのpHを使います。pHは０から14までの数値で表され、７が中性、それよ

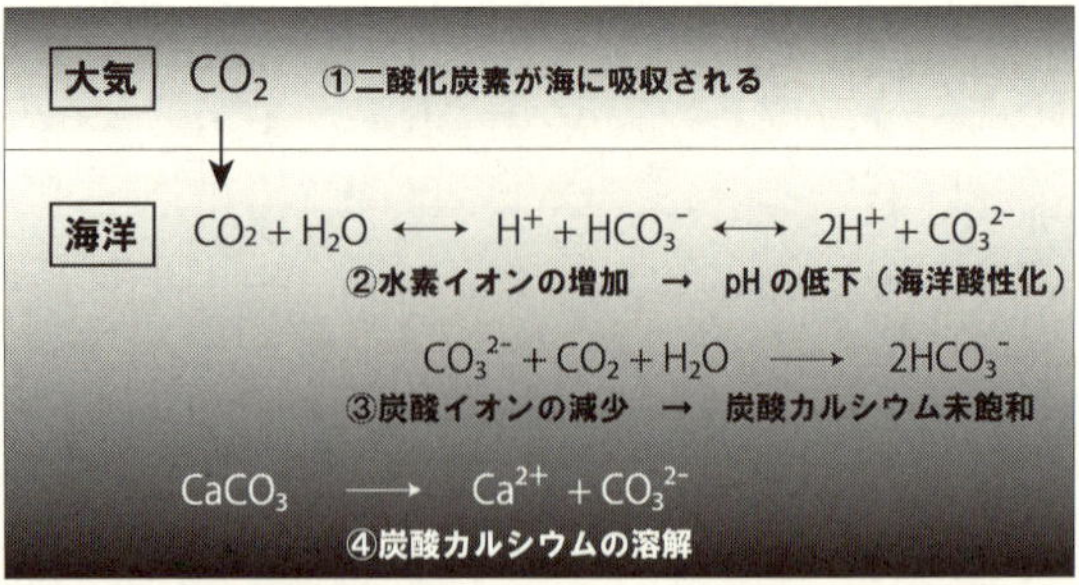

図3・1・1　海洋酸性化のしくみ

大気中の二酸化炭素（CO_2）が海水に溶けることで炭酸系イオンに反応が起こり、最終的に炭酸カルシウム（$CaCO_3$）が溶解する。木元克典／©JAMSTEC

り低ければ酸性、高ければアルカリ性であることを示し、数値がより低くなるほど酸性が強く、逆に高くなるほどアルカリ性が強いことを意味しています。

　さて現在の海洋表層のpHはおよそ8・1で、弱アルカリ性です。ここに大気中の二酸化炭素が溶け込むとどうなるでしょう。図3・1・1を見てください。海水に触れた二酸化炭素は、海水と反応して水素イオン（H^+）と炭酸水素イオン（HCO_3^-）に分かれます。さらに炭酸水素イオンは水素イオンと炭酸イオン（CO_3^{2-}）に分かれます。ここで生じた二つの水素イオン（$2H^+$）は海水のpHを下げる方向に働きます。大気中に二酸化炭素が増えるほどこの反応は進むため、海水のpHはどんどん低下してゆき、現在のアルカリ性から中性、さらには酸性側に近づいてしまいます。さらに今度は増えた水素イオンを中和するために、海水中の炭酸イオンが使われるため、今度は海水中から炭酸イオンが減少してゆくことになります。このように、二酸

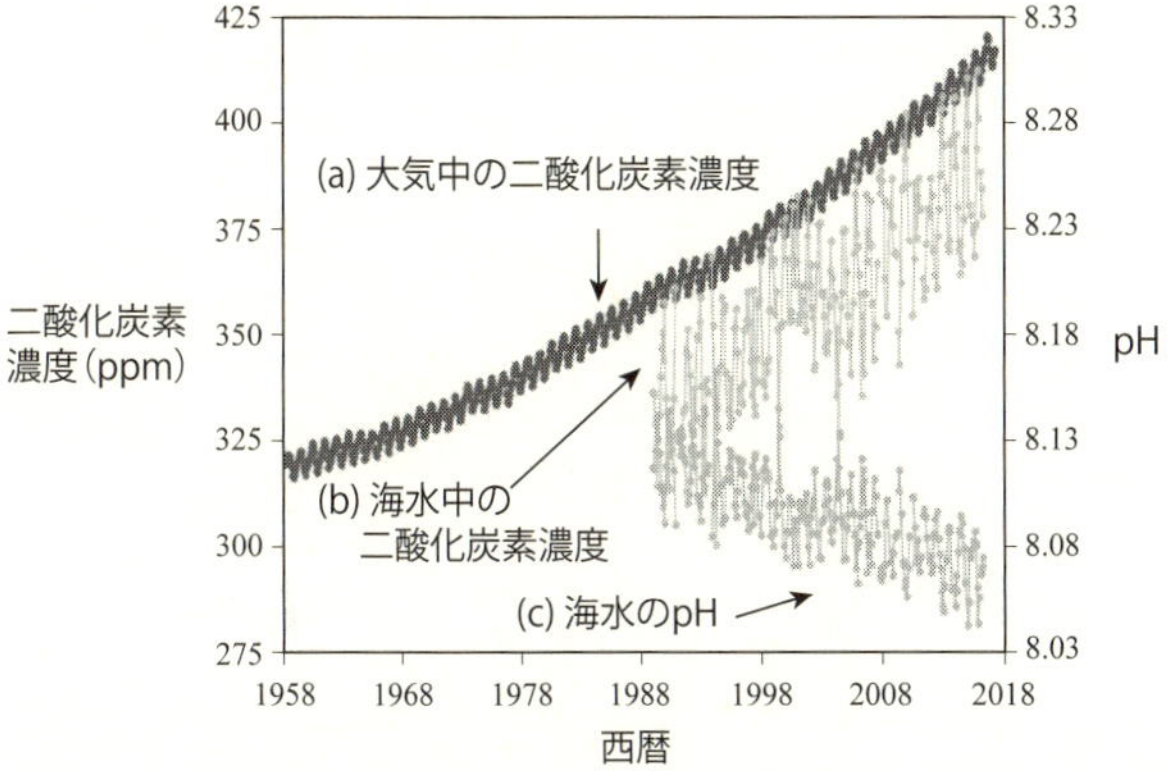

図3・1・2　マウナロア山頂で観測された大気中の二酸化炭素濃度と海水中のpH変化

二酸化炭素の増加に伴い、pHは低下している。
NOAA PMEL Carbon Program より引用、改変。
（https://www.pmel.noaa.gov/co2/story/Ocean+Acidification）

化炭素が海水に溶け込むことで水素イオンが増加しpHが低下してゆく現象を「海洋酸性化」とよんでいます。

図３・１・２を見てみましょう。これは大気中の二酸化炭素濃度の時系列データで、ハワイ島のマウナロアにある観測所で１９５０年代から計測されているものです。大気中の二酸化炭素は一定の幅を持ちながらも右肩上がりで上昇しています。これに同調して海水中の二酸化炭素濃度も増加しているのがわかります。一方、海水のpHは下がり続けています。二酸化炭素が海に溶け込みpHを低下させていることの確かな証拠です。海洋酸性化は大気中の二酸化炭素の増加と連動して起こっているのです。

海洋酸性化は１９８０年代から指摘さ

れ、最近の研究では1年間で0・0011から0・0024の範囲で世界の海洋のpHが低下してゆくことがわかってきました。このまま二酸化炭素が放出され続けた場合、今世紀末までにpHが7・6まで低下するというシミュレーション予想もあります。海洋酸性化は、私たち人類活動によって放出される二酸化炭素それ自身が直接海水と反応することによって起こる現象です。二酸化炭素は温室効果によって地球を暖めるだけにとどまらず、海水のpHも下げてしまうため、「第2の二酸化炭素問題」ともよばれています。

pHが低下すると人間が困る!?

海にはさまざまな生物が生きていますが、そのなかには体を守る硬い「殻」を持つ種が多数生息しています。たとえばサンゴや貝、ウニやヒトデ、エビやカニ、そしてさまざまな動植物プランクトンが殻を持っており、これらの殻の材料は主に炭酸カルシウム（$CaCO_3$）です。このような生物をここではまとめて「石灰化生物」とよぶことにします。

炭酸カルシウムはカルシウムイオン（Ca^{2+}）と炭酸イオン（CO_3^{2-}）の合成物です。海洋表層ではこれらのイオンは常に豊富にある状態（過飽和）であるため、これらを使って生物の体内で炭酸カルシウムを容易に合成することができます。しかし、海洋酸性化が進行してpHが低下すると、海水中から炭酸イオンが減少してゆくため、石灰化生物にとって殻をつくることが困難になってしまいます。さらに酸性化が進行すると、海水中で炭酸カルシウムが不足した状態（未飽和）になり、石灰化生物の存在自体が難しくなることも懸念されています。実際にそれを示す観測例があります。海底火山の活動によって極端にpH低下が起こっている場所があります。このような場所では礁をつくるサンゴは骨格がつくれないため造礁サンゴが消滅し、かわりに硬い骨格を持たないソフトコーラルというサンゴが定着することが知られています。造礁サンゴは魚やエビ、カニ、イソギンチャクなどさまざまな生物のすみかとして利用されており、サンゴ礁生態系とよばれる一つの生態系を作り上げています。このような現象が世界中の浅海で起こるようになると、海洋生態系に大きな影響を及ぼすことが容易に想像できます。また、今世紀末に予想される二酸化炭素濃度の海水中でカキを飼育した例では、成体では成長や石灰化が遅くなり、また幼生では発育不全や奇形が発生するなどの異常が出ることが報告されています。カキやホタテなどの二枚貝類は世界の沿岸域で大量に養殖されており、水産資源のなかでも上位の生産量を占めるため、その影響が心配されます。さらにプランクトンなど食物連鎖のもっとも基盤にある海洋生物にも影響がおよんだ場合、それらを捕食する、より大型の生物が減ることにつながります。私たちの身近な魚や貝が減ってゆくなど、食生活にも影響する可能性が十分考えられるのです。

今後も続くと予想されるこのような海洋変化に、はたして海洋生物は対応してゆけるのでしょうか。これを確かめるには長い年月が必要です。しかしこれについてのヒントが、深海に溜まった堆積物の中にありました。実は、はるか遠い過去の地質時代にも極端な海洋酸性化を伴う〝事変〟が起こっていたことを示す証拠が見つかっているのです。

PETM──大量絶滅を伴う海洋酸性化事変

その〝事変〟は今からさかのぼることおよそ5600万年前、ちょうど暁新世《ぎょうしんせい》と始新世《ししんせい》とよばれる地質時代の境界付近で起こりました。この時期は新生代のなかでももっとも気温が高かった時代として知られ、地質学では暁新世‐始新世境界温暖化極大(Paleocene-Eocene Thermal Maximum)、略してPETMとよばれています(図3・1・3)。

この時期はその前後に比べ突出して高い年間平均気温が記録されており、堆積物の化学分析から、この時期には海水温もそれ以前より約4~7℃も上昇したことがわかっています。これはおよそ4500~6800Gtもの炭素が大気中に放出されたことに相当します。この一連の現象の継続時間は、解析方法によって幅がありますが、開始から終了までおよそ10万年から25万年の間継続したようです。私たちの感覚では長い時間がかかっているように思えますが、地球の歴史のなかで見れば一瞬のうちに起こったようなものです。

なぜこの時期に気温が急激に上昇したのかははっきりとはわかっていませんが、海底から放出された大量のメタンガスの酸化か、巨大な火山活動による地球内部からの二酸化炭素放出のため

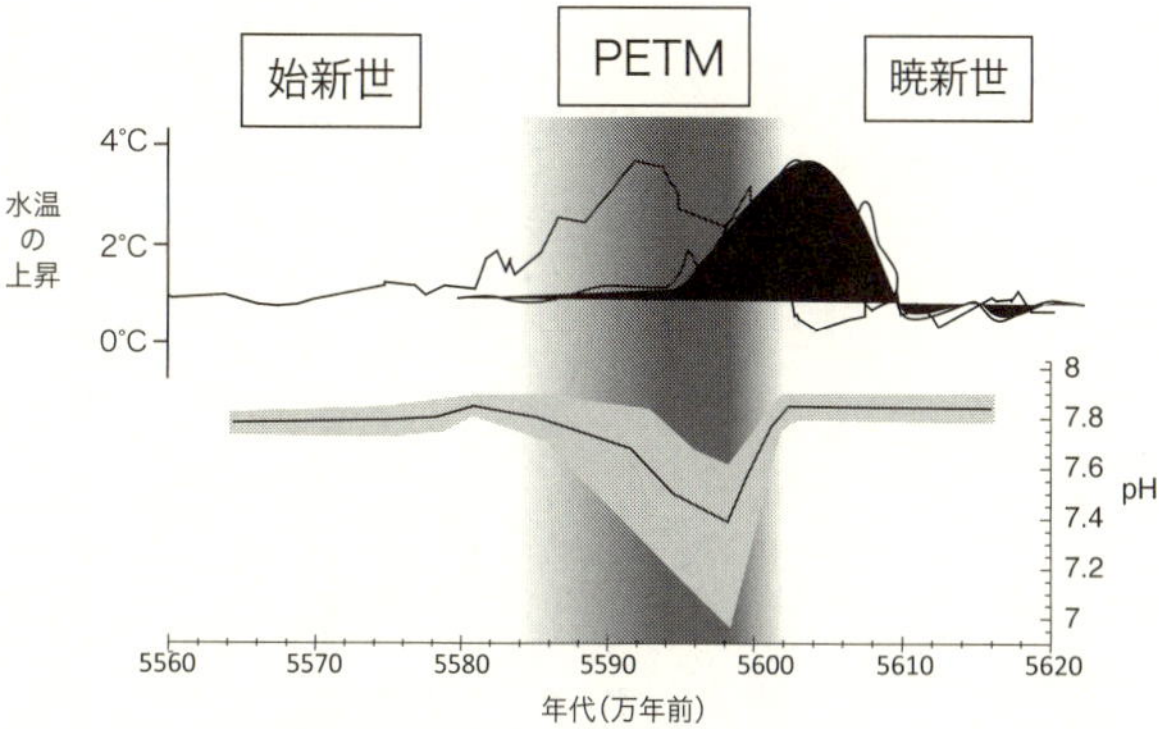

図3・1・3　復元された暁新世–始新世境界温暖化極大（PETM）の気温の上昇、pH変化とその継続時間　木元克典／©JAMSTEC

ではないかといわれています。大量の二酸化炭素放出は、温暖化とともに海洋酸性化を引き起こしました。堆積物の化学元素から見積もられた海水のpH復元によると、海洋表層ではＰＥＴＭ以前と比較してpHが０・３も低くなっていたという報告がされています。

この時代の二酸化炭素の放出量は、今世紀末までに見込まれる二酸化炭素の放出量に比較的近いため、詳細な環境復元が試みられています。中でも興味深いのは生物への影響です。現在と同様、この時代の地層をつくる堆積物の中には多くの微化石（顕微鏡で見ないと形がわからない微小な生物化石）がたくさん含まれていますが、もっとも多いのは石灰化生物の一種で炭酸カルシウムの殻を持つ原生生物、有孔虫《ゆうこうちゅう》の化石です。このグループの群集やかたちに劇的な変化が表れていたのです。

有孔虫には海の表面から数百mの水深に浮いて生活を送る浮遊性有孔虫と、海底の泥に潜って生活する底生有孔虫がいますが、この底生有孔虫のうちなんと50%の種類が絶滅していたことがわかったのです。これ以外にも炭酸カルシウム殻を持つ貝形虫という微小な甲殻類のグループにも、絶滅したり殻が薄くなったりしたという報告があります。PETM以前の時代の地層は炭酸カルシウムを多く含むため乳白色をしていますが、PETMを境に急に色が赤茶色に変色します。これは海洋酸性化のため一旦堆積した炭酸カルシウムの多くが地層中から溶け去り、溶け残った粘土鉱物などの色を呈していることによります。このことは、PETM以後、海底で強い溶解が起こったことを示しています。

では表層生活者であるプランクトンについてはどうだったでしょう。浮遊性有孔虫の最新の研究結果によると、確かに海洋酸性化の影響を受けているものの、それは意外にも限定的なものであったようです。たとえば浮遊性有孔虫はPETM以降、絶滅した種類は多くないかわりに、その殻の大きさが急速に小さくなりました(図3・1・4)。また炭酸カルシウムの殻をつくる円《えん》石藻《せきそう》(石灰質ナンノプランクトン)とよばれる植物プランクトンはむしろ形の種類が増加していたのです。さらに浅海のサンゴにも大きな変化は報告されていません。

つまり、深海ではおよそ半数の種類の底生有孔虫や貝形虫が絶滅したにもかかわらず、浅海に棲む種類への影響は、比較的小さかったのです。

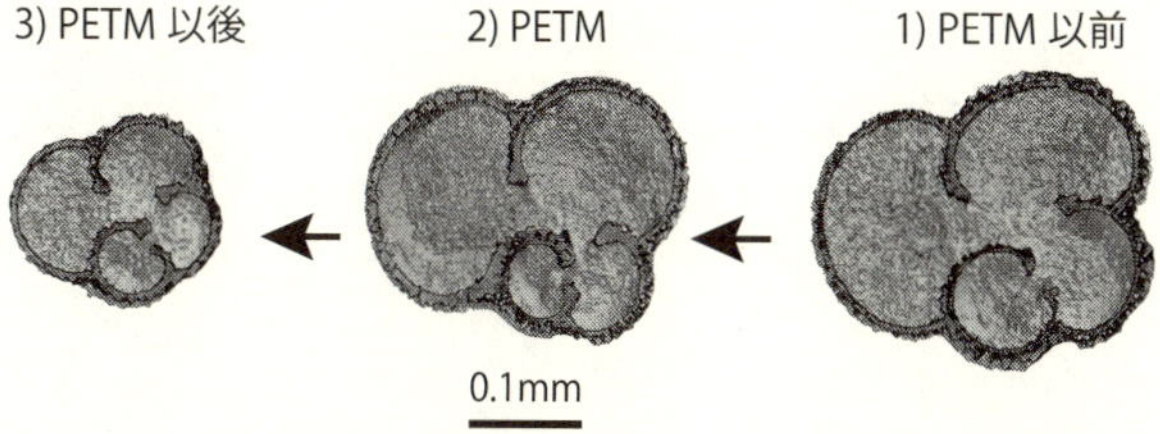

図3・1・4　1）PETM以前、2）PETM 、3）PETM以後の平均的な浮遊性有孔虫の大きさ比較

PETM後の浮遊性有孔虫の大きさは、それ以前と比べて半分程度に小型化し、環境変化を乗り越えた。スケールバーは0.1mm 。木元克典／©JAMSTEC

なぜ海洋表層への影響は小さく、深海への影響が大きかったのでしょうか。深海には炭酸カルシウムが安定的に存在できる下限の水深があり、これを炭酸塩補償深度（ＣＣＤ）といいます。これは海水中に存在している炭酸イオンの濃度でほぼ決まります。現在の太平洋ではＣＣＤは水深５０００m前後、大西洋では６０００m付近にありますが、この水深より浅いと炭酸カルシウムは保存され、また深いと溶解してしまいます。ＰＥＴＭ当時は、当時の水深３０００〜３５００mよりも深いところには炭酸カルシウムが堆積しておらず、ＣＣＤが海洋酸性化によって極端に浅くなったため、石灰化生物が溶解したというのが現時点でもっとも確からしい推論です。この水深よりも深いところで生活していた底生動物は、炭酸カルシウムに対して未飽和な海水の到来に対応できずに溶解し、絶滅してしまったと考えられるのです。

一方、プランクトン生活を営む浮遊性有孔虫や円石藻は、海流に乗って流されることで、その生活の場を別な所へ変えることが可能です。これらは高温の海水がある低緯度側から比較的水温の低い高緯度側に移動することで適応する道を探ったことが化石記録からわかっています。このとき円石藻には多くの種のバリエーションが生まれ、栄養分の少ないところでも耐えられる種へと変化しました。浮遊性有孔虫は小型化することで、この危機を乗り越えたようです（図3・1・4）。なぜ小さくなるのかの確かな理由はわかっていませんが、殻を小さくし、少ない材料で効率的な石灰化を行うことで、酸性化の影響を最小限にしたのかもしれません。

深層水の循環と役割

ＰＥＴＭの海洋酸性化および温暖化事変は、その後いかにして回復したのでしょうか。これには深層水とその循環が大きな役割を担ったと考えられています。

深海を流れる深層水には熱と物質を運ぶ重要な働きがあります。深層海流は、冷たく、塩分が高く、密度が高い表層水が深層に沈み込む地域を起点に発生します。現在では北大西洋のグリーンランド沖、もう一つは南極沖の2ヵ所を起点に世界の深層循環が形成されています。グリーンランド沖の深層水は大西洋を南下し、最終的に太平洋に流入します。そして深層水の終着点となる北太平洋カリフォルニア沖で表層に湧き上がり、その後表層の海流として北大西洋に戻ってゆきます。この海洋循環のしくみを「熱塩循環」とよんでいます。

ＰＥＴＭ当時の海洋でも、正確な経路は不明ながら現在と似たような海洋循環があったことがわかっています。当時の酸性化した表層海水は、海洋循環により深海に運ばれ、深海に生息していた石灰化生物や、堆積していたプランクトンの死骸など膨大な量の炭酸カルシウムを海水に溶解させたのです。言い換えると酸性側に傾いた海水を、炭酸カルシウムを溶かすことで、もとのアルカリ性側に戻すはたらき、といえるでしょう。十分な炭酸カルシウムを溶かした深層水は数千年ののち、湧昇流などによって海洋表層にもたらされ、再び大気と接触しますが、アルカリ性側にふれた海水は大気中の二酸化炭素を溶かし込む能力をすでに獲得しているため、大気中の二酸化炭素をさらに取り込んでいったと考えられます。このような循環がおよそ20万年続くことで、大気や海洋全体の二酸化炭素濃度は徐々に減少していったと考えられます。この間には、一旦低下した植物プランクトンの生産性が回復したり、温暖な気候によって大陸土壌の風化が促進され炭酸カルシウムが海洋中にもたらされたりすることによる中和作用なども加わり、上昇した大気二酸化炭素濃度を減少させる一助となったようです。

ＰＥＴＭに急激に起こった海洋酸性化は、かくして元の状態に回復しました。しかし、ＰＥＴＭ以前に存在していた生物の一部は消滅し、戻りませんでした。残された生物はその形や生態を変え、進化することで新たな環境に適応することで生き延びたのです。

それではこれから起こる海洋酸性化に生物は適応できると安心してよいのでしょうか。それは早計のようです。大事な点はＰＥＴＭの大気中の二酸化炭素の増加速度は、現在よりもはるかに遅い、ということです。ＰＥＴＭ時代に放出された二酸化炭素の総量は現在と似ていても、それは何万年という時間をかけて起こりました。一方、現在の二酸化炭素の増加は、産業革命以降、２００年もたたないうちに起こっています。生物が適応するための時間があまりにも短すぎるため、多くの生物が絶滅する可能性は大いにあるといえます。

深海の堆積物から復元される情報は、私たちが知り得ない過去の海洋環境について教えてくれます。過去と現在、未来は一続きのもので、決して切り離して考えることはできません。過去の海洋環境の復元と、現在の観測結果を組み合わせて将来の海洋生態系を予測することは、来るべき環境変化の時代に備えるために重要なことだといえます。

3・2　鉱物・エネルギー資源

日本近海に分布する海底資源

水深２００ｍよりも深く漆黒の闇が広がる深海。地球最後のフロンティアともよばれますが、いまだ人類に活用されていない膨大な鉱物・エネルギー資源が分布しています。日本の国土面積は世界第61位の約37・8万㎢と大きくはないですが、基線から12海里（1海里＝1852m）までの領海と200海里までの排他的経済水域（EEZ）を合わせると約447万㎢に達し、世界第6位の広さです。そして、日本の排他的経済水域内には、メタンハイドレート、海底油田などのエネルギー資源、海底熱水鉱床（p226参照）、マンガンクラスト、マンガンノジュール、レアアース泥などの海底鉱物資源が分布しています（図3・2・1）。これらの海底資源は一様には分布しておらず、資源の種類に応じた偏りがあります。本節では、メタン、二酸化炭素、水、マンガンの相図《そうず》（状態図）を手がかりとしつつ、資源の成り立ちや将来の可能性について紹介します。

メタンハイドレート

メタンはもっとも単純な構造の炭化水素で、化学式はCH_4です。融点はマイナス182・5℃、沸点はマイナス161・6℃で、大気圧・常温下（1気圧・25℃）では気体として存在します。メタンは可燃性ガスとして燃焼時にエネルギーを得られるので、都市ガスの主成分として使われています。ハイドレートは水和物の意味で、ある分子・イオンに水分子が結合したものをさします。たとえば、建材や美術品の型取りなどに使われる石膏は、硫酸カルシウムの二水和物で

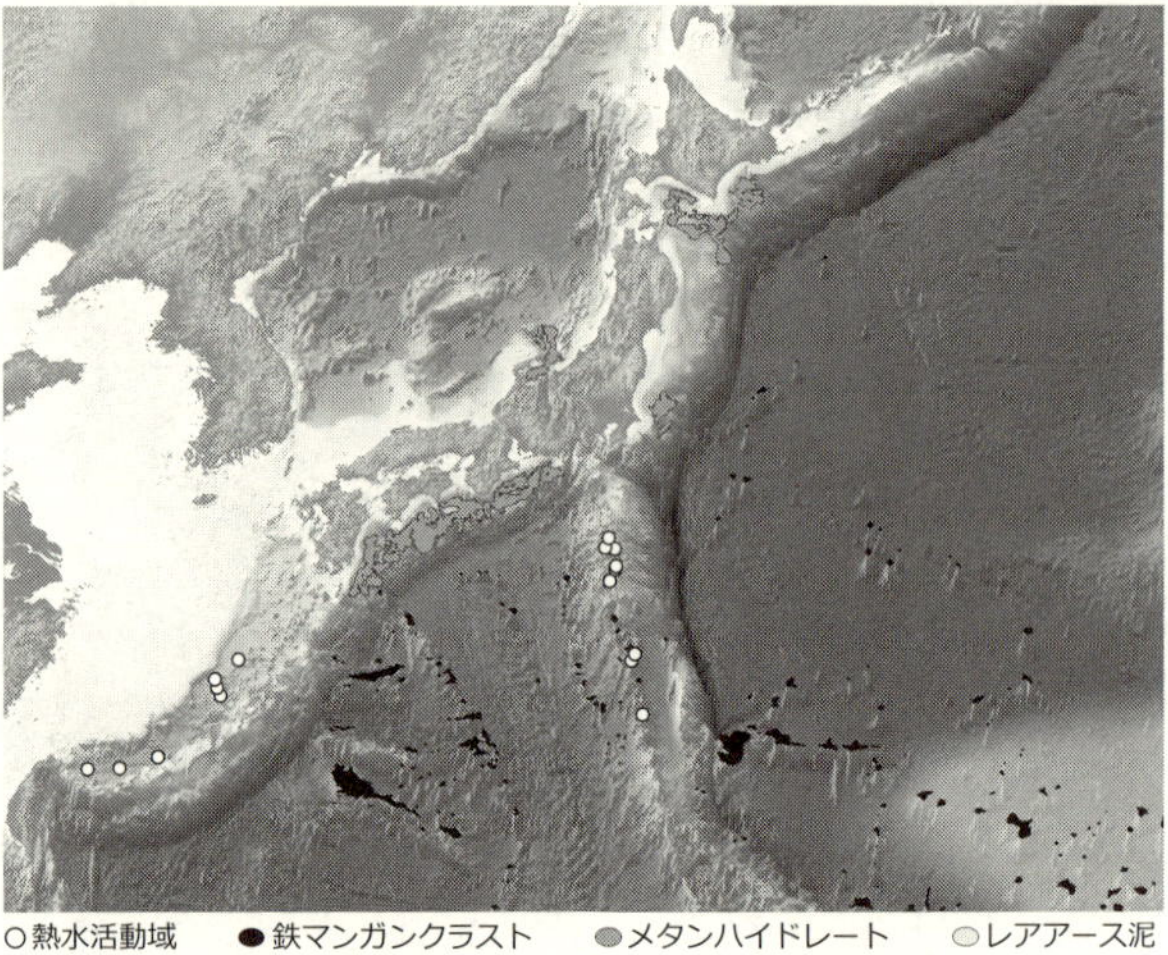

図3・2・1　日本近海のエネルギー・鉱物資源分布図

臼井ほか（1994）、メタンハイドレート資源開発研究コンソーシアム（2009）より一部データを引用。

す（$CaSO_4$・$2H_2O$）。したがって、メタンハイドレートはメタンの水和物ですが、厳密には低温かつ高圧条件下でのみ存在できるメタン分子が水分子に囲まれた網状の結晶構造を有する包接《ほうせつ》水和物の固体を意味します。いわば、メタン分子が水分子の〝かご（ケージ）〟に取り込まれたような構造をしており、化学式はαCH_4・$5.75H_2O$（αはハイドレートのケージをメタン分子が占める割合――ケージ占有率で、0・9〜0・95の値を取ることが知られている）です。15％はメタンから構成されていますが残りの85％は水で、密度は0・91g／㎤と水よりも軽い物質です。見た目が白い氷に似ていることから「燃える氷」ともよばれ

図3・2・2　メタンハイドレートは「燃える氷」ともよばれる。
©明治大学ガスハイドレート研究所

ます（図３・２・２）。

日本周辺のメタンハイドレートの分布を眺めると（図３・２・１）、日向《ひゅうが》灘沖、四国沖、熊野灘沖、三河湾沖、常磐沖、上越沖、十勝沖の日本列島沿岸部に集中しており、比較的水深の浅い海域に分布しています。このようにメタンハイドレートの分布は一様ではないですが、ここでメタンの相図を見てみましょう（図３・２・３）。メタンハイドレートは低温かつ高圧条件下でのみ存在できますが、図の曲線より右側の白色領域ではメタンガス＋水の形で存在し、曲線より左側の灰色領域では

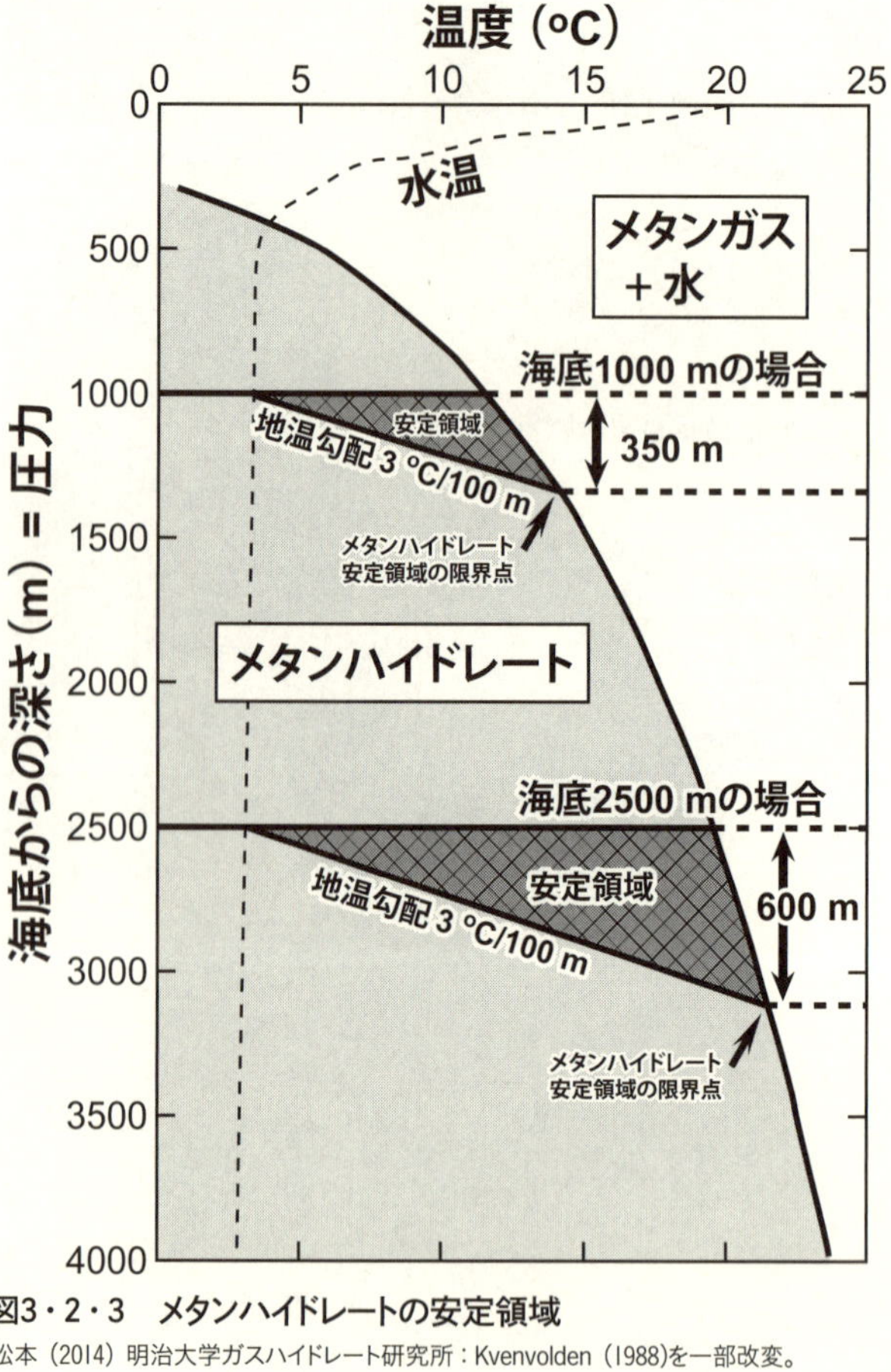

図3・2・3　メタンハイドレートの安定領域

松本（2014）明治大学ガスハイドレート研究所：Kvenvolden（1988)を一部改変。

メタンハイドレートとして存在します。灰色領域よりも昇温したり（図中で右側に移動する）、あるいは減圧したり（図中で上側に移動する）するとメタンハイドレートは分解（あるいは解離）して、メタンガス＋水に状態変化します。

たとえば、水深１０００ｍの海底下に分布するメタンハイドレートの安定領域について考えてみましょう。水深１０００ｍの水温は４℃、圧力は約１００気圧です。１００気圧の圧力とは、約１００kg重／cm²に相当し、私たちの小指の先に１００kgのおもりが載っているような環境です。日本付近の火山や熱源のない一般的な地層の地温勾配は約０・０３℃／ｍなので、１００ｍ深くなると地層中の温度が３℃上昇します。そして、海底下の深度が深くなるにつれて地層内の温度が上昇し、メタンハイドレートの安定領域を超えます（曲線よりも右側の領域に達します）。したがって、水深１０００ｍ、０・０３℃／ｍの地温勾配では、灰色網掛け領域の層厚３５０ｍの範囲でメタンハイドレートが安定に存在します。同じように水深２５００ｍの海底下に分布するメタンハイドレートでは、より高圧下のためにメタンハイドレートの安定領域が広くなることがわかります。いずれにせよ、限られた温度・圧力下でのみメタンハイドレートは安定に存在できることが、分布の偏りをひもとく一つの鍵です。

そもそもメタンハイドレートのメタンはどこから供給されるのでしょうか。メタンを生成過程で分類すると、有機物が微生物により分解されて生じる生物源メタン、有機物が地層深部の熱による非生物的過程により分解されて生じる熱分解メタンに分類できます。いずれもメタンを生成するには、その材料となる有機物が海底堆積物中に豊富に存在する必要があります。海底堆積物中に含まれる有機物は、海洋生物の死骸などを起源としますが、海洋表層から海底に沈降するまでの間に酸化的な海水により分解されていきます。たとえば表層でプランクトンなどの生物生産性が乏しく水深が6000mと深い海底では、堆積物中に含まれる有機物が非常に乏しく、大規模なメタンハイドレートの生成には不利な環境です。日本列島沿岸部の比較的浅い海域にメタンハイドレートが集中しているのは、材料となる有機物が堆積物中に豊富な海域、すなわち生物を支える栄養分が河川水により供給される沿岸部であることと対応しています。

それでは日本列島周辺にはどれくらいのメタンハイドレートが存在しているのでしょうか。これまでの調査から少なくとも日本の年間天然ガス使用量の数十年分が埋蔵されていると考えられています。この膨大な国産エネルギー資源の活用を目指して、精力的に探査・技術開発が進められています。メタンハイドレートの採取には「減圧法」という方法が有効です。減圧法とは、メタンハイドレートを埋蔵する地層を掘削し、掘削井《くっさくせい》の中の水を抜いて減圧することにより（図3・2・3の相図で上方に移動する）、溶解・遊離したメタンガスを地層中から回収する方法です。この減圧法を用いて、2013年3月渥美《あつみ》半島〜志摩半島の沖合で海洋産出試験が実施され、世界で初めて海底下のメタンハイドレートを分解して天然ガスを取り出すことに成功しています。また、2017年4月からは同海域において第2回の海洋産出試験が行われ、より持続的なメタンガスの生産試験・技術開発が行われました。ただし、メタンは二酸化炭素に比べて25倍の地球温暖化係数（温室効果の程度を示す値）を有します。また、46億年の地球史のなかではメタンハイドレートの崩壊により生物大量絶滅事件や超温暖化事件が引き起こされています。したがって、生産中のメタンガスが漏洩《ろうえい》しないように採取することも必要です。

CCSとCCS－U

次に、メタンと同じく炭素を主成分とする二酸化炭素に関するお話をします。地球温暖化をもたらす温室効果ガスのなかでもっとも多いのが二酸化炭素ですが、二酸化炭素を海底に閉じ込めて地球温暖化を抑制する構想があります。このように大気中の二酸化炭素を別の場所へ閉じ込めることを二酸化炭素の回収・貯留といい、Carbon dioxide Capture and Storageの頭文字からCCSとよばれています。さらに、回収された二酸化炭素を新たに産業利用するための技術開発（CCS－U：Carbon dioxide Capture and Storage/Utilization）も盛んに行われており、尿素の合成プロセスや冷却剤、消火剤としての使用などその応用範囲は広がっています。

深海を対象としたCCSの紹介をする前に、二酸化炭素の相図を見てみましょう（図3・2・4）。二酸化炭素（CO_2）の融点（三重点）はマイナス56・6℃、沸点（昇華点）はマイナス

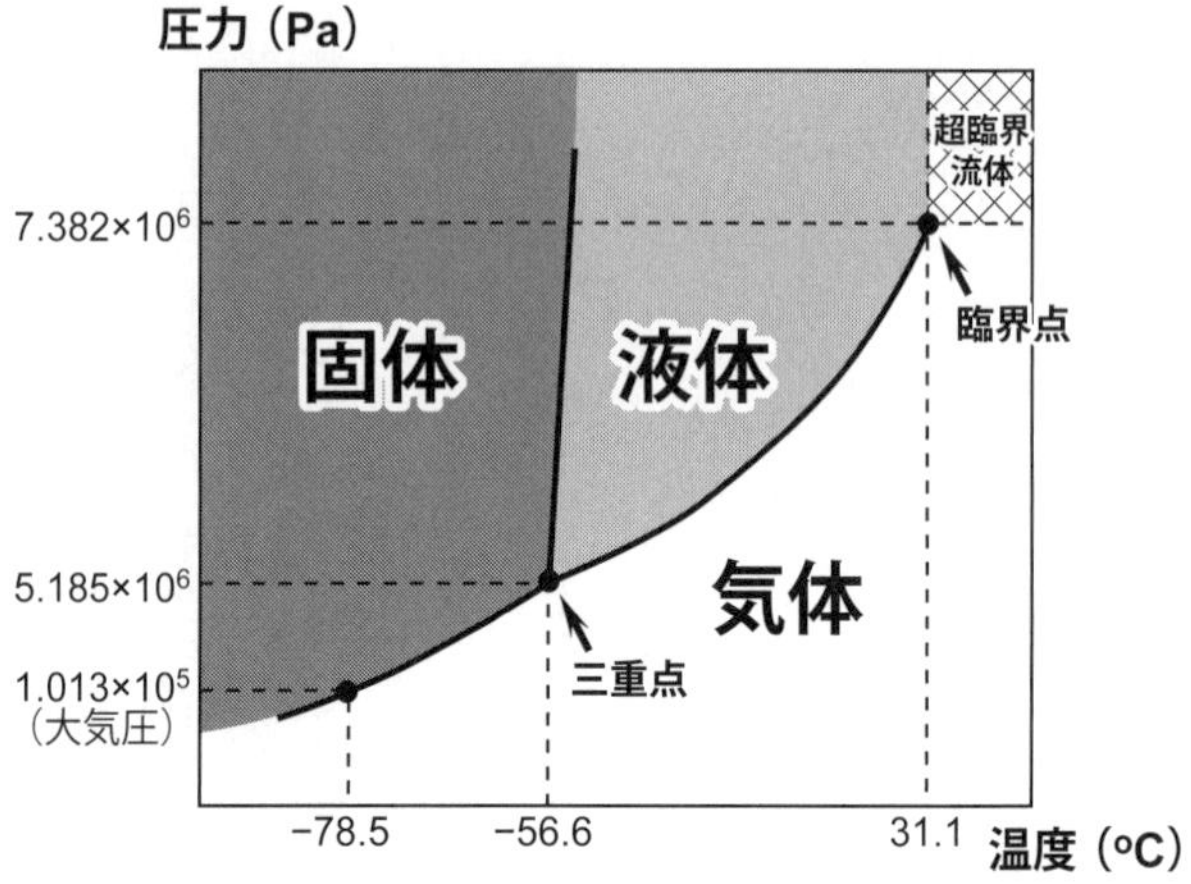

図3・2・4　二酸化炭素の相図

78・5℃で、大気圧・常温下では気体として存在します。一方深海では、たとえば水深1000m、水温4℃の条件下では、二酸化炭素は液体として存在します。また、液体二酸化炭素は、水深3200~3300m以深では周辺海水よりも密度が大きいため、海洋表層や大気中に浮かんできません。このような二酸化炭素の性質を利用して、深海を対象としたCCS、CCS-Uの実験・技術開発が進められています。

　1966年、ノルウェー沖合250㎞に位置する、北海のSleipner（スレイプニル）天然ガス田において、深海底下を対象とした初めてのCCSプロジェクトが開始されました。Sleipner天然ガス田は、水深200mの海底からさらに約2300m深い場所に存在するガス田です。この天然ガス田から産出される天然ガスには、販売基準を大きく上回る約9・5%の二酸化炭素が含まれており、出荷前に除去する必要がありました。除去した二酸化炭素を大気中に放出すると高価な炭素税を支払わなければならないため、本プロジェクトでは二酸化炭素を海底下の地層中に閉じ込めることが計画されました。そこで、天然ガスが分布する地層の1000m以上上部に位置する砂岩層中に二酸化炭素を圧入することになり、世界初の商業的CCSプロジェクトが実行されました。このプロジェクトは大きな注目を集め、圧入された二酸化炭素のモニタリングなども合わせてCCS技術の確立に重要な役割を果たしました。本プロジェクトでは、現在までに1600万トン以上の二酸化炭素が海底下に注入されています。さらに、2008年からはノルウェー北部のバレンツ海に存在するSnohvit（スノービット）ガス田においてもCCSが実施されています。日本でも、2012年から北海道苫小牧《とまこまい》沖においてCCS実証試験が開始され、2016年4月からは海底下1000mの地層で二酸化炭素の圧入試験が行われていま す。このように海底下を対象としたCCSの技術要素はすでに確立されており、今後もその応用例は増えていくと考えられます。

上記のようなガス田を対象としたCCS技術に加え、海洋を対象とした二酸化炭素の貯留技術にはさまざまな手法が提案されています。液体の二酸化炭素を海底下の浅い堆積物中に注入すると周辺海水よりも密度が大きくなり、海洋表層や大気中への移動を制限できます。さらに、このような温度・圧力条件下では、二酸化炭素もメタンと同様にハイドレートを形成し、堆積物中に安定的に固定できると考えられています。深海・深海底はエネルギー・鉱物資源の宝庫であるばかりか、エネルギー資源の利用により排出された二酸化炭素を安定的に固定する大きなポテンシャルがあります。

深海底とは直接関係ありませんが、CCS-Uの技術開発についても少し紹介します。上記で紹介した尿素の合成プロセスなどに加えて、より大規模なCCS-Uを可能にする手法として二酸化炭素の再資源化があげられます。油層中に圧入された二酸化炭素を微生物によりメタンに変換する手法や、陸上で二酸化炭素を利用して微細藻類を培養し、藻類が体内で生成した油分を抽出しバイオ燃料とする手法などが検討されています。CCS-U技術はいずれも研究段階ですが、近い将来、これらを用いた究極の循環型エネルギー社会が実現する日が来るかもしれません。

海底熱水鉱床

ここからは深海底の鉱物資源について見ていきましょう。海底鉱物資源は、海底熱水鉱床、マンガンクラスト、マンガンノジュール、レアアース泥に大別されます。これらのうち、日本周辺の海底熱水鉱床は沖縄トラフおよび伊豆・小笠原海域のみに分布しています。ここでは、この偏在性の理由とともに海底熱水鉱床の特徴についてひもといていきます。

図3・2・5　沖縄トラフ第四与那国海丘のチムニーにおける熱水の温度計測　©JAMSTEC

なお、鉱床とは、資源として利用できる元素や石油・天然ガスなどが濃縮している場所で、採掘して採算が取れるものをさします。したがって、現時点で商業開発にいたっていない海底熱水鉱床を鉱床とよぶには問題があるのですが、ほかに適切な訳語が存在しないため、ここでは海底熱水鉱床という用語を使用して話を進めます。

海底熱水鉱床は、火成活動に伴う熱水活動により生成される火山性塊状《かいじょう》硫化物鉱床の一種です。陸上では火山の熱源に伴い温泉の湧く場所がたくさんありますが、海底でも海底火山の火成活動に伴う熱水循環系により時に３００℃を超える熱水が噴出する場所があり（図３・２・５）、海底熱水噴出孔あるいは複数の海底熱水噴出孔が集まった場所は海底熱水サイトとよばれています。このような海底熱水サイトの兆候は、１９７７年にガラパゴス海嶺の海底付近から海水の温度異常として初めて発見されました。日本近海の海底熱水サイトは沖縄トラフと伊豆・小笠原海域のみに分布しますが、これは海底で火成活動が起こる場所が限られているためです。海底で火成活動が起こる場所は、これまでに4ヵ所しか知られていません。一つ目はプレートが生み出される中央海嶺、二つ目はプレートが沈み込む上部に位置する島弧・背弧、三つ目はハワイやアイスランドのようなマントルプルームが上昇するホットスポット（1・2節も参照）、四つ目はプレートが沈み込む前に屈曲する前弧（プチスポット）です。日本近海には中央海嶺やホットスポットは存在していません。また、プチスポットはそのかわいらしい名前の通り小規模な火成活動なので、これに伴う海底熱水サイトは報告されていません。そうすると、日本近海で海底火山がある場所は、太平洋プレートが沈み込む上部に位置する伊豆・小笠原海域およびフィリピン海プレートが沈み込む上部に位置する沖縄トラフに限られます。これが、日本周辺の海底熱水サイトの分布に偏りがある最大の要因です。

海底の火成活動に伴う熱水循環系は、主に①リチャージゾーン（Recharge Zone：再充填帯）、②水-岩石反応、③ディスチャージゾーン（Discharge Zone：排水帯）の三つの要素から構成されています。リチャージゾーンとは、断層あるいは透水率の高い層に沿って海水が海底下にしみこむ場所を指します。意外なことにこの現象が目視で確認されたことは一度もなく、地殻熱流量や海底下の温度勾配測定からこの現象が確認されています。リチャージゾーンから浸み込んだ

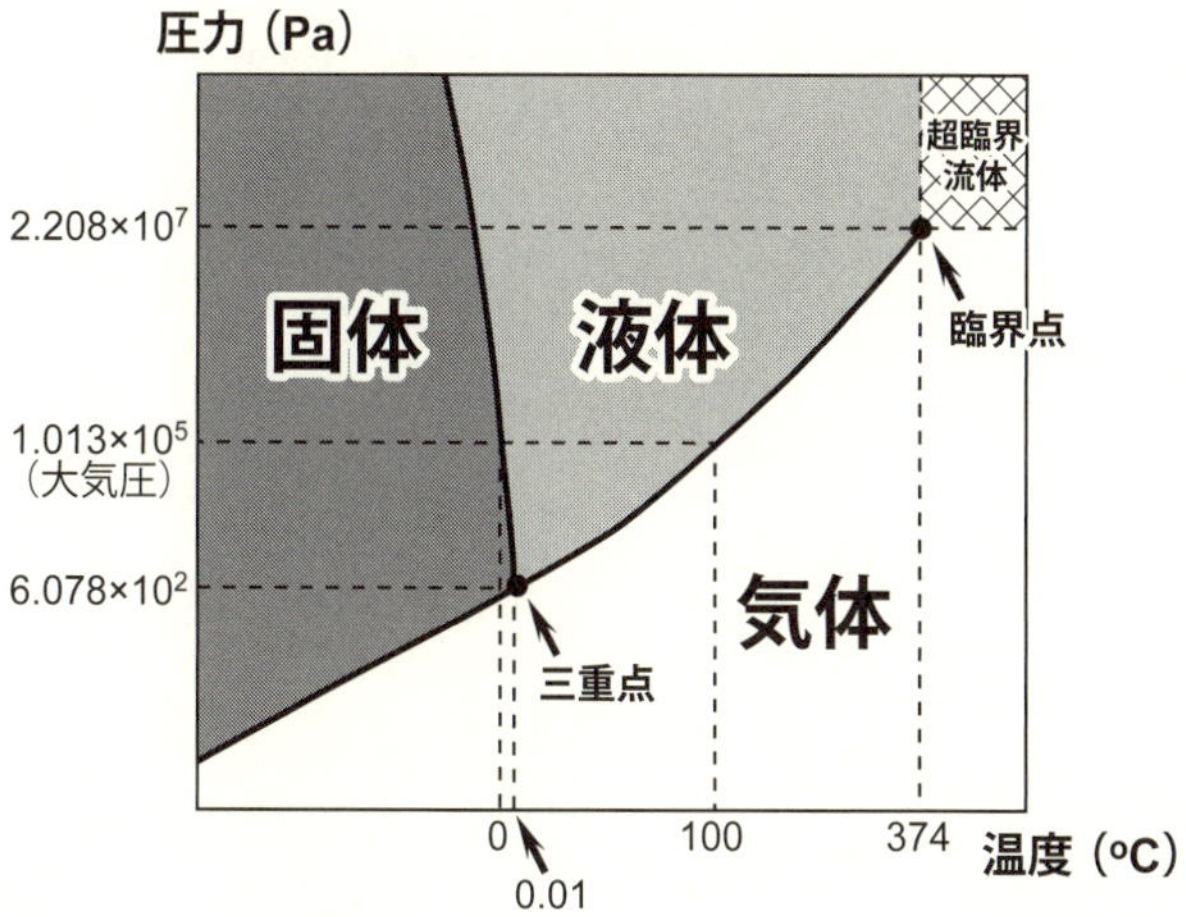

図3・2・6　水の相図

海水は地温勾配と熱源により温められ、周囲の堆積物・岩石とさまざまな化学反応を起こします。このさまざまな化学反応は総称して水‐岩石反応とよばれますが、堆積物・岩石から海底熱水鉱床のもととなる銅・鉛・亜鉛・金・銀を含む金属元素が溶け出します。そして、溶脱された金属元素はディスチャージゾーンから海底面に噴出します（図3・2・5）。深海の海水温は数℃と低いため、数百℃の熱水に溶け込んでいた金属元素の溶解度が減少し、さまざまな金属元素が熱水中に溶存できなくなり鉱物として沈殿します。この鉱物が海底熱水鉱床を構成している一つ一つの要素です。

ところで海底熱水サイトの熱水の温度はなぜ数百℃という高温なのでしょうか。ここで、私たちの生活に身近な水の相図を見てみましょう

（図3・2・6）。水は大気圧・常温下の融点が0℃、沸点が100℃で、通常液体として存在しています。液体・気体の間の曲線は気液曲線とよばれますが、各圧力における水の沸点を表します。標高3776mの富士山山頂でお湯を沸かしてコーヒーを飲むと、いつもよりもぬるいコーヒーになる、という話を聞いたことがあるかもしれません。これは富士山山頂の方が海抜0mよりも上に位置する大気の層厚が3776m分だけ薄く、気圧が低いためです。富士山山頂の気圧は約0・62気圧で、この場合の沸点を気液曲線に沿って見ると約87℃に相当します。逆に深海底のように圧力が高い場合は気液曲線を右上方向に沿っていくことになり、水の沸点が上昇します。たとえば水深1000mでは約100気圧の圧力なので、水の沸点は312℃になります。このように深海の熱水は100℃よりもはるかに高い温度に達し、周囲の堆積物・岩石からさまざまな元素を溶かし出します。余談ですが、水はある圧力での融点を表す固液曲線の傾きが負になっている珍しい物質です。私たちがスケート靴を履いてエッジを氷に載せるとなめらかに滑ることができますが、これも水の状態変化が関係しています。エッジが氷に載ると、局所的に高圧条件になります。すると温度は変わらず圧力が上昇するので、相図上ではある状態から上方向にシフトする、すなわち固体（氷）から液体（水）に一部状態変化します。これが、スケート靴でなめらかに氷上を滑ることができる原理です。話が横にそれましたが、水の沸点が圧力とともに高くなるので、世界中に分布する海底熱水サイトの熱水温度を見ると、基本的に水深が深くなる

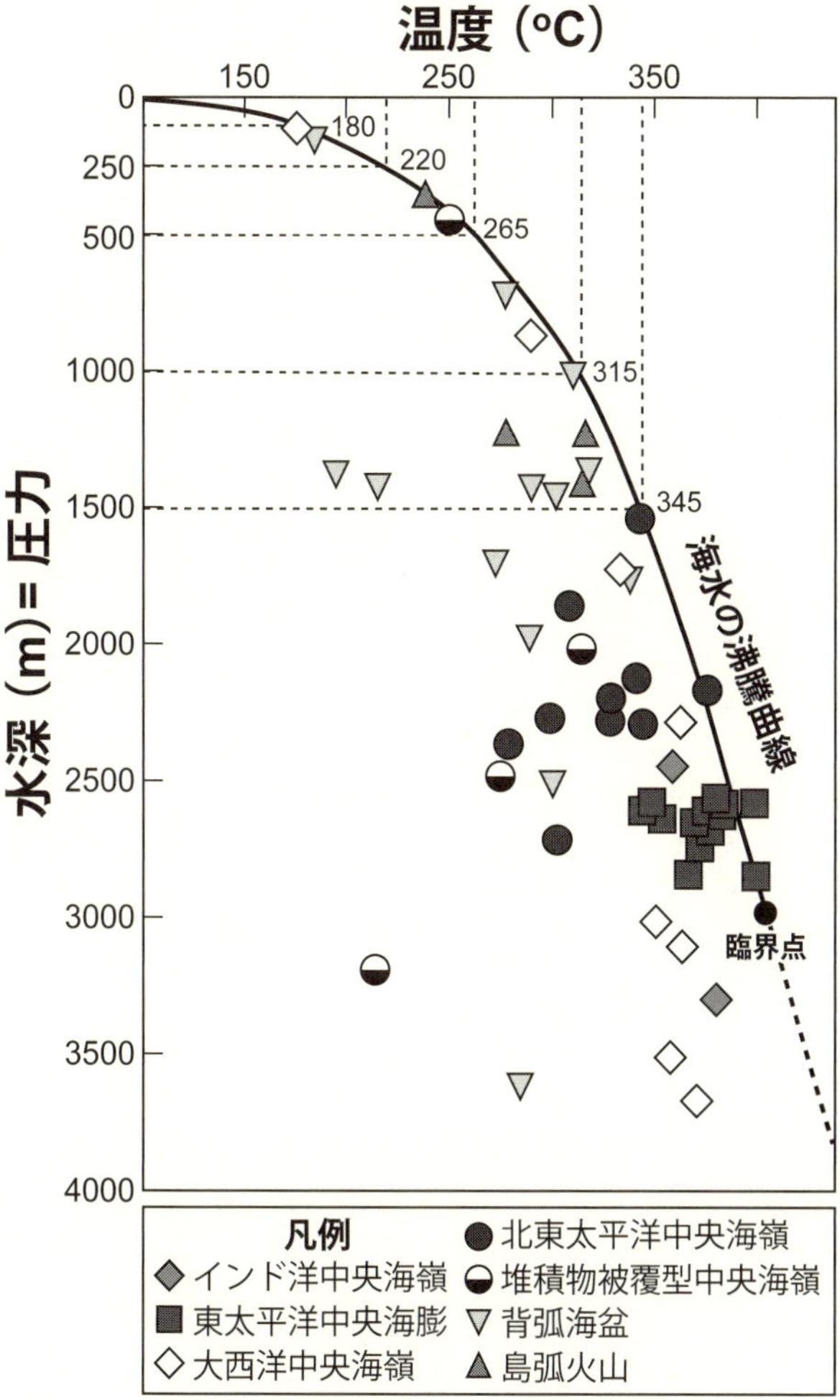

図3・2・7　世界の海底熱水鉱床における熱水の温度分布

Hannington et al.（2005）を一部改変。

ほど熱水の温度が高くなります（図3・2・7）。たとえば、水深約1000mの沖縄トラフ伊平屋《いへや》北海丘という海底熱水サイトでは、沸点ぎりぎりの311℃の熱水が噴出しています。

熱水に溶け込んだ金属元素は、ディスチャージゾーンに沿って上昇し、周囲の海水に冷やされ、硫化鉱物、硫酸塩鉱物、酸化鉱物などとして沈殿します。硫化鉱物とは金属元素と硫黄（S）の化合物からなる鉱物群をさし、硫酸塩鉱物とは金属元素と硫酸（H_2SO_4）の化合物からなる鉱物群を指しますが、有用金属元素を多く含むのは硫化鉱物です。硫化鉱物が集積した岩石は硫化物とよばれるため、海底熱水鉱床はより正確に表記すると海底熱水硫化物鉱床になります。海底熱水鉱床に普遍的に産出する硫化鉱物は、たとえば黄鉄鉱（FeS_2）、黄銅鉱（$CuFeS_2$）、閃《せん》亜鉛鉱（ZnS）、方鉛鉱（PbS）などです。熱水からどのような硫化鉱物が沈殿するかは、熱水中の溶存金属元素濃度、温度、pH、酸素・硫黄分圧などさまざまな要因により支配されていますが、海底熱水鉱床は銅、鉛、亜鉛の鉱床です。一般的に中央海嶺の海底熱水鉱床は銅、亜鉛に富む一方、島弧・背弧の海底熱水鉱床は銅、鉛、亜鉛に加えてガリウム、ゲルマニウム、ヒ素、アンチモン、ビスマスなど多様な金属元素が濃集しています。国内では、中央海嶺で生成した海底熱水鉱床が陸上に取り込まれたものは別子型《べっしがた》鉱床、島弧・背弧域で生成した海底熱水鉱床が陸上に取り込まれたものは黒鉱《くろこう》鉱床とよばれており、過去には盛んに採掘されて高度経済成長期の金属需要を支えました。

それでは世界中にはどれくらいの海底熱水鉱床が存在するのでしょうか。これまでの探査により、少なくとも500ヵ所以上の海底熱水サイトが報告されています。そこに埋蔵する資源量を概算すると約6億トンの硫化物鉱石が分布しており、約3000万トンの銅＋亜鉛量に達するとされています（2016年の世界の電気銅消費量は2331万トン、日本は97・3万トンです）。日本近海では沖縄トラフに比較的大規模な海底熱水鉱床が分布しており、伊是名《いぜな》海穴《かいけつ》には約740万トンの硫化物鉱石（平均品位：銅0・41%、鉛1・44%、亜鉛5・75%、金1・45ppm、銀95・6ppm）が分布しています。また、2017年8〜9月にかけて、経済産業省および独立行政法人石油天然ガス・金属鉱物資源機構（JOGMEC）が主体となり、世界初の採鉱・揚鉱パイロット試験が沖縄近海で実施されました。2020年代後半の商業化を目指して、官民一体となってさまざまな研究・技術開発とともに、新規海底熱水サイトを発見するための探査活動が実施されています。

マンガンクラスト

海底熱水鉱床は数百℃の熱水が噴出する動的な環境で生成する海底鉱物資源でしたが、次は穏やかな静的環境で生成する海底鉱物資源に目を移しましょう。海洋底には比高数千mに達する多数の海山が存在します。マンガンクラストは、そのような海山の斜面部あるいは頂部に分布する海底鉱物資源です（図3・2・1）。マンガンは原子番号25番の金属元素で、クラストは英語で殻や皮という意味です。その名の通り、海山斜面部（図3・2・8a、b）や頂部（図3・2・8c）を薄く広くおおっています。マンガンクラストは、レアメタルの一つであるコバルトに富むことから別名「コバルトリッチクラスト」ともよばれますが、鉄とマンガンの2成分が卓越しているため、学術的には鉄マンガンクラスト（ferromanganese crust）と表記するのが正確です。

マンガンクラストは、1980年代初頭に行われたドイツ連邦共和国のSONNE（ゾンネ）号による調査航海で初めて発見されました。水深400〜6000mの海山斜面部や頂部を被覆するマンガンクラストは数cm〜20cmほどの厚さになりますが、水深と厚さの間に明瞭な関係性はありません。世界の海洋を眺めると、北西太平洋にもっとも多くのマンガンクラストが分布しています。これはマンガンクラストの極めてゆっくりとした成長速度と関係しています。マンガンクラストの典型的な成長速度（堆積速度）は100万年に数mm（1〜10mm）程度です。仮に100万年に3mmの成長速度とすると、1年あたりの成長速度は3nm（$nm = 10^{-9}m = 10Å$）です。マンガンの原子半径は1・27Åなので、マンガン原子に換算して約25個分の厚さになります。あまりの薄さにイメージしにくいですが、日本人の平均的な髪の毛の太さが0・08mmです。日本列島に沈み込んでいる太平洋プレートは世界でもっとも古い海洋プレートに相当し、北西太平洋では約1億8000万年前に生成されたものが残っています。マンガンクラストは海洋プレートの上

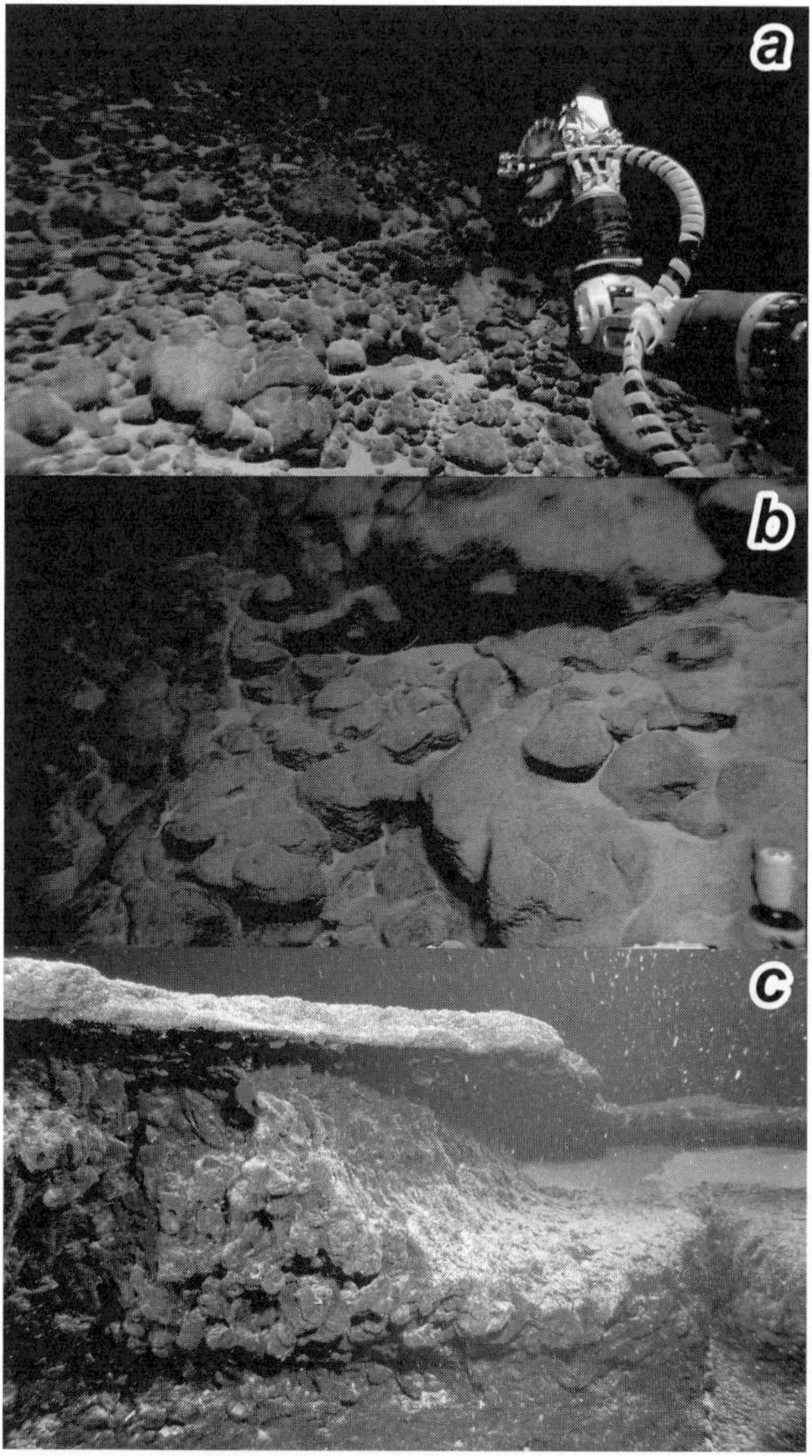

図3・2・8　拓洋第五海山に分布するマンガンクラスト　©JAMSTEC

に生成した海山の斜面部・頂部を覆っており、非常に成長速度が遅いことから、より古い海洋プレート上の古い海山に多くのマンガンクラストが存在する可能性があります。これが、北西太平洋にマンガンクラストが多く分布する理由です。

マンガンクラストは乾燥密度1・2〜1・5g／㎤、空隙率は20〜40％、含水率5〜15％程度の化学堆積岩です。通常私たちがイメージする岩石に比べて、スカスカで軽い岩石です。マンガンクラストの主要構成鉱物はベルナド鉱（Vernadite）という酸化鉱物・水和物で、マンガンと鉄を同じくらい含んでいます。したがって、マンガン酸化物と鉄酸化物で全体の50％くらいの割合を占めています。マンガンクラストを構成するベルナド鉱の起源は、海洋に含まれる微小な鉄酸化物あるいはマンガン酸化物コロイドと考えられていますが、このコロイドが海洋を漂う間に海水中からさまざまな元素を濃集します。コバルト、ニッケル、鉛、テルル、白金、レアアースなどを海水から吸着しますが、コバルト濃度が1％を超えることもあり、白金も数ppmを示すことがあることから、レアメタルの新たな供給源として期待されています。

ここでもマンガンの相図を見てみましょう（図3・2・9）。これまでの相図とは異なり、pH（どれくらい酸性かアルカリ性かの指標）とEh（酸化還元電位：Ehが高いほど酸化的で低いほど還元的な状態）が横軸と縦軸になっています。少し複雑な図ですが、マンガンはMn^{2+}、MnO、Mn_3O_4、Mn_2O_3、MnO_2の状態でそれぞれの領域で安定に存在し、Ehが上がる（酸化的環境にな

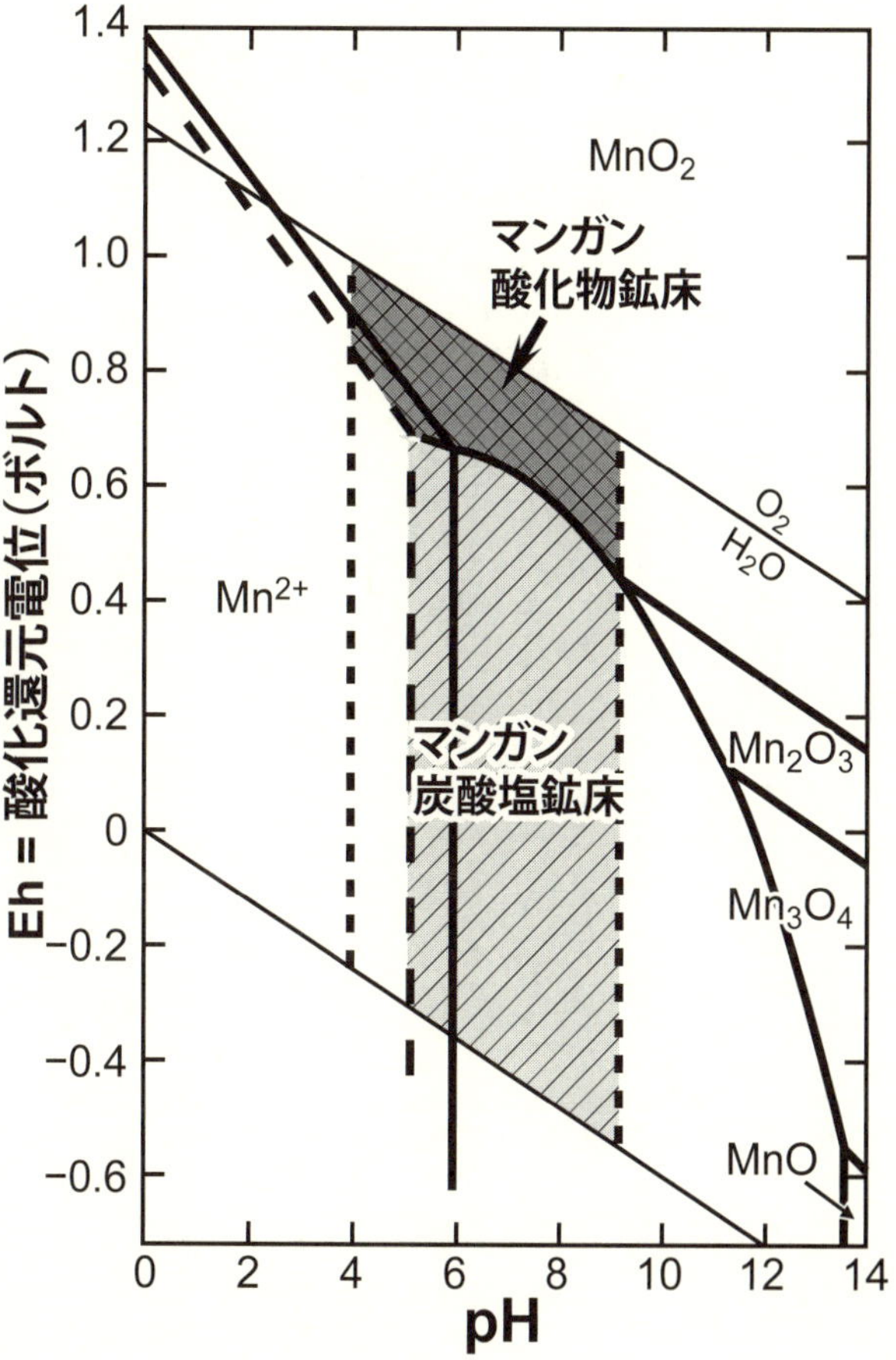

図3・2・9　マンガンのpH-Eh図

長破線と太線はMn^{2+}の溶存濃度が10^{-4}モル濃度および10^{-6}モル濃度の時に相当する。また、破線で囲まれた範囲はマンガン鉱床を生成する自然水のpHの範囲。

Krauskopf (1979) およびRoy (2006) を一部改変。

る）ほど二価のマンガンから、三価のマンガンを経て四価のマンガンが安定になります。現在の海水のpHは弱アルカリ性の7・4～8・1程度、Ehは海洋表層で0・735Vです。したがって四価のマンガンであるMnO_2の形態が安定で、マンガン酸化物として沈殿します。もしも現世の海水とは異なり、より還元的な環境が存在すれば、マンガンは四価の酸化物として存在できず、炭酸塩（$MnCO_3$）として沈殿すると考えられます。

それではマンガンクラストは世界中の海底にどれくらい存在するのでしょうか。日本の排他的経済水域である南鳥島沖には拓洋《たくよう》第五海山という比較的大きな海山が存在し、無人探査機による精力的な潜航調査が行われています。この海山は周囲500㎞の大きさですが、水深1000～3000mの斜面に厚さ3・5～5㎝のマンガンクラストが存在しているため（乾燥密度は1・29g／㎤を仮定）、概算すると約4520万～6450万トンのマンガンクラストが分布します。これに拓洋第五海山のマンガンクラストの平均的なコバルト濃度（6342ppm）を掛け算すると、33・5万～40・9万トンのコバルト量に相当し、日本の年間使用量の約26～37年分のコバルトが埋蔵されている計算になります。一つの海山でこの量ですから、膨大な量のマンガンクラストが世界中の深海底に存在することは疑いの余地がありません。ただし、マンガンクラストの弱点は薄くて広い分布です。また、マンガンクラストはしばしば基盤岩である海山玄武岩と強く固着しており、無人探査機の握力300㎏のマニピュレータでも、簡単には引き剥がせません。

また、採掘時に基盤岩である海山玄武岩が混入すると、鉱石価値が低下します。したがって、効率良く幅広い場所からマンガンクラストを引き剝がし、海水面上まで揚鉱する技術の開発が今後の鍵となるでしょう。

マンガンノジュール

ノジュールとは、地学事典を引くと「堆積物中に形成された小さくて硬い、球状・板状または不規則状の塊」とあります。したがって、マンガンノジュールはノジュールを日本語に直してマンガン団塊《だんかい》ともよばれます。成分としては鉄とマンガンの2成分が卓越するため、学術的には鉄マンガンノジュール（ferromanganese nodule）と表記するのが正確です。マンガンノジュールは、マンガンクラストといくつか類似した特徴を有します。マンガンノジュールは、1872〜1876年に科学調査のために行われたイギリスのチャレンジャー号の航海において、ドレッジとよばれる試料採取箱を海底に曳航する手法で初めて採取されました。マンガンノジュールもマンガンクラストと同様に穏やかな静的環境で生成しますが、主に深海平原に分布し（図3・2・10）、しばしば海山斜面の平坦部などでも観察されます。マンガンノジュールも100万年に数㎜という非常に遅い速度で成長するため、古い海洋プレートである北西太平洋の深海平原にもっとも密に分布します。マンガンノジュールの大きさは直径数㎝〜最大20㎝程度、乾燥密度は1・

図3・2・10　南鳥島南東沖に分布するマンガンノジュール畑
©JAMSTEC

6～1・8g／㎤、空隙率は10～30％、含水率は5～15％で、通常の岩石よりもスカスカで軽い化学堆積岩です。

マンガンクラストとのもっとも大きな違いは、深海平原や海山斜面部などの堆積物上に分布する点です。したがって、マンガンノジュールの一部は常に堆積物に埋もれており、海水と堆積物中の間隙水の二つの供給源からさまざまな元素を濃集します。したがって、主な構成鉱物もベルナド鉱だけでなく、轟石《とどろきいし》（Todorokite）や銅・ニッケルを含むブセル石（Buserite）などが含まれます。また、マンガンノジュールは成長開始時の核となる物質により、色々な形態に成長します（図3・2・11）。核となる物質には変質した火成岩、泥質堆積物、魚類の骨、サメ類の歯などがあり、サメ類の歯を核とすると、球状ではなく三角

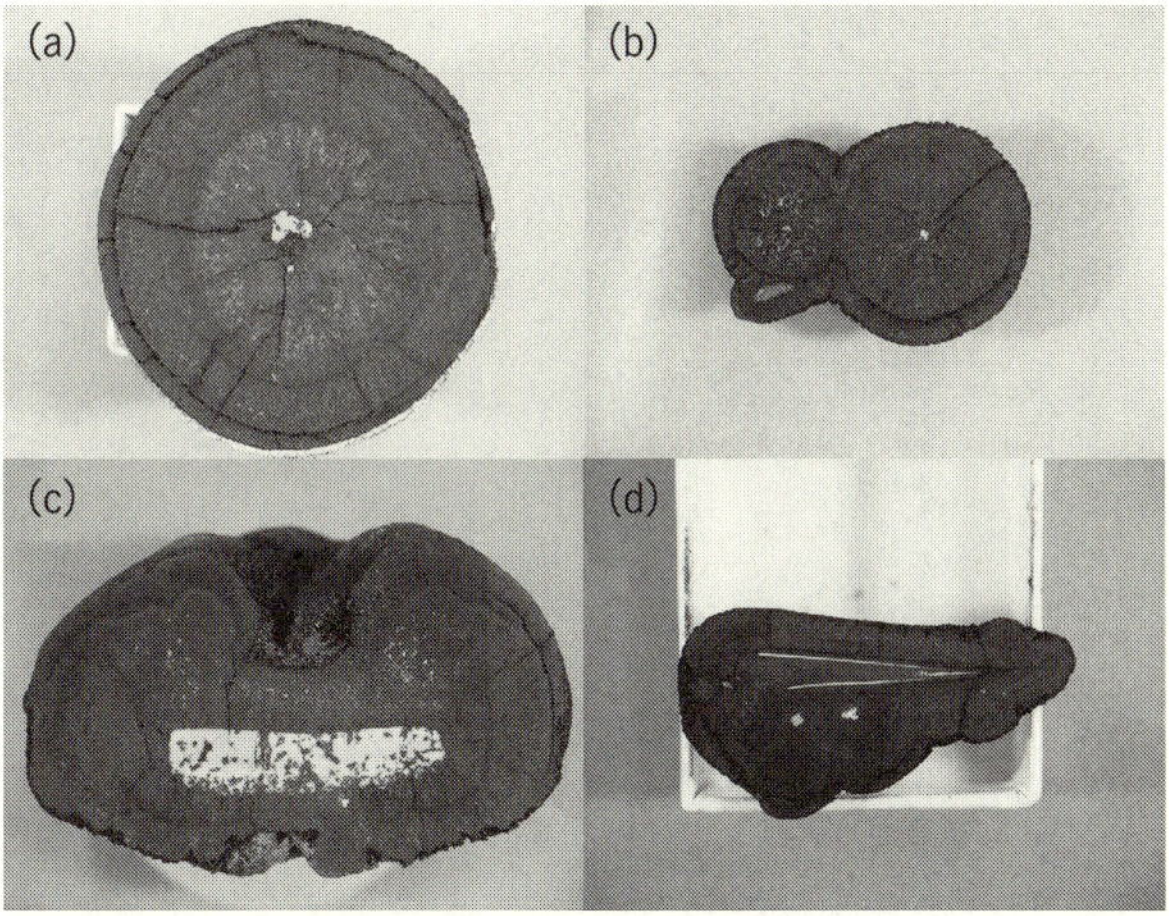

図3・2・11　マンガンノジュールは核となる物質によってさまざまな形態を取る。(a) ～ (c) は硬く締まった泥または変質した玄武岩を、(d) はサメの歯を核として成長している。
撮影者：大田隼一郎（千葉工業大学）©JAMSTEC

形に成長します。また、異なるサイズのマンガンノジュールが連結していたり、小さなマンガンノジュールがより大きなマンガンノジュールに取り込まれていたりする場合もあります。マンガンノジュールに濃集する金属元素は、マンガンクラストと同様にコバルト、ニッケル、鉛、テルル、白金、レアアースなどですが、ブセル石が存在するためにマンガンクラストに比べてコバルト濃度が低く、ニッケル、銅の濃度が高い傾向にあります。

それではマンガンノジュールは世界の深海底にどれくらい分布しているのでしょうか。Clarion-Clipperton Zone（CCZ）というマンガンノジュールがもっとも密に分布している北太平洋の一部海域に絞っても、59・9億トンのマンガン、2・26億トンの銅、2・74億トンのニッケル、1200万トンのモリブデン、4400万トンのコバルト、8万トンのテルル、420万トンのタリウムなどが存在するとされています。これらの金属元素のうち、マンガン、ニッケル、コバルト、テルル、タリウムなどは陸上の全埋蔵量を凌駕する量です。したがって、膨大な量のマンガンノジュールと金属資源が深海平原に分布していることは間違いありません。ただし、マンガンノジュールの弱点もマンガンクラストと同様に、薄くて広い分布です。さらに、採掘時に堆積物が混入すると鉱石価値が低下します。今後、レアアース泥(次項参照)とセットにした採掘プランを考えれば、より採算性が向上するかもしれません。また、近年船上からの音波機器を使って効率的に海底面上に分布するマンガンノジュールを探査する手法が開発されています。マンガンノジュールの分布域は、通常の海洋堆積物のみの場所に比べて音波の反射強度が強いという特徴を持っています。これは、マンガンノジュールが球形のために、どの方向から音波が当たってもある程度船上に反射波が戻ってくるためと考えられていますが、簡便な新しい探査手法を用いることで、詳細な分布・資源量が明らかになることが期待されています。

レアアース泥

レアアース泥の紹介をする前に、まずはレアアースについて簡単に説明します。レアアースという元素が存在するとしばしば誤解されている場合がありますが、レアアース元素（希土類元素）とは、元素周期律表第3族に属するスカンジウム、イットリウム、元素番号57番のランタンから71番のルテチウムまでのランタノイド15元素を合わせた全17元素の総称です。そして、ランタノイド15元素のうちランタンからユウロピウムまでの7元素を軽レアアース元素、ガドリニウムからルテチウムまでの8元素を重レアアース元素とよびます。レアアースはさまざまな工業用用途に用いられますが、特に強磁性の希土類磁石である鉄－ネオジム－ホウ素磁石の材料として重要です。さらに、この磁石の耐熱性を高めるために重レアアース元素の一つであるジスプロシウムの添加が欠かせません。磁石がなぜそんなに重要かというと、磁石はモーターに必須の部品だからです。希土類磁石はパソコンのハードディスク、ハイブリッドカーのモーター、風力発電に用いる風車のモーターなどさまざまな用途に使用されています。したがって、レアアースは我が国の最先端産業に欠かせない「産業のビタミン」です。

私たちの生活に欠かせないレアアースですが、現在その生産は中国1ヵ国に非常に偏っています。2014年の埋蔵量は、中国が世界の42％であるものの生産量は世界の86％を占めています。軽レアアース元素はオーストラリアやアメリカなどでも生産されているものの、重レアアース元素はすべてを中国の鉱床に依存します。中国も自国の環境破壊を伴いながらレアアースを生産しているので、2008年から輸出枠の規制を開始しました。さらに、2010年9月に尖閣《せんかく》諸島沖で起こった海上保安庁の巡視船と中国漁船の衝突事件を契機にレアアースの市場価格は暴騰しました。その後、2012年3月に日本・EU・アメリカが中国を世界貿易機関に提訴し、2014年8月に中国が敗訴したものの、レアアース資源の供給多角化が求められていました。

このような中、2011年7月、東京大学加藤泰浩教授らのグループは、北太平洋の広範囲にレアアースを高濃度で含む深海堆積物が分布することを報告しました。レアアース泥は一見すると変哲もない遠洋性赤色粘土ですが、総レアアース濃度がしばしば数千ppmに達し、世界の重レアアース元素すべてを供給する中国のイオン吸着型鉱床よりも高品位であることが報告されました。この発見を契機に、2013年から日本の排他的経済水域において精力的な地球物理調査、ピストンコア採取が行われ（図3・2・12）、水深は約5700mと深いものの海底下3mに総レアアース濃度約6800ppm（0・68％）に達する超高濃度レアアース泥が南鳥島周辺の深海底から発見されました。その後も調査航海が実施されており、高濃度のレアアース泥が分布する領域の絞り込みは完了しています。このように、レアアース泥はマンガンノジュール、海底熱水鉱床、マンガンクラストよりも後に発見された第4の海底鉱物資源です。

それではレアアース泥はどのように生成するのでしょうか。レアアース泥の分布を見ると（図3・2・1）、日本の沿岸部から離れた遠洋域に分布しています。海底堆積物中のレアアース濃

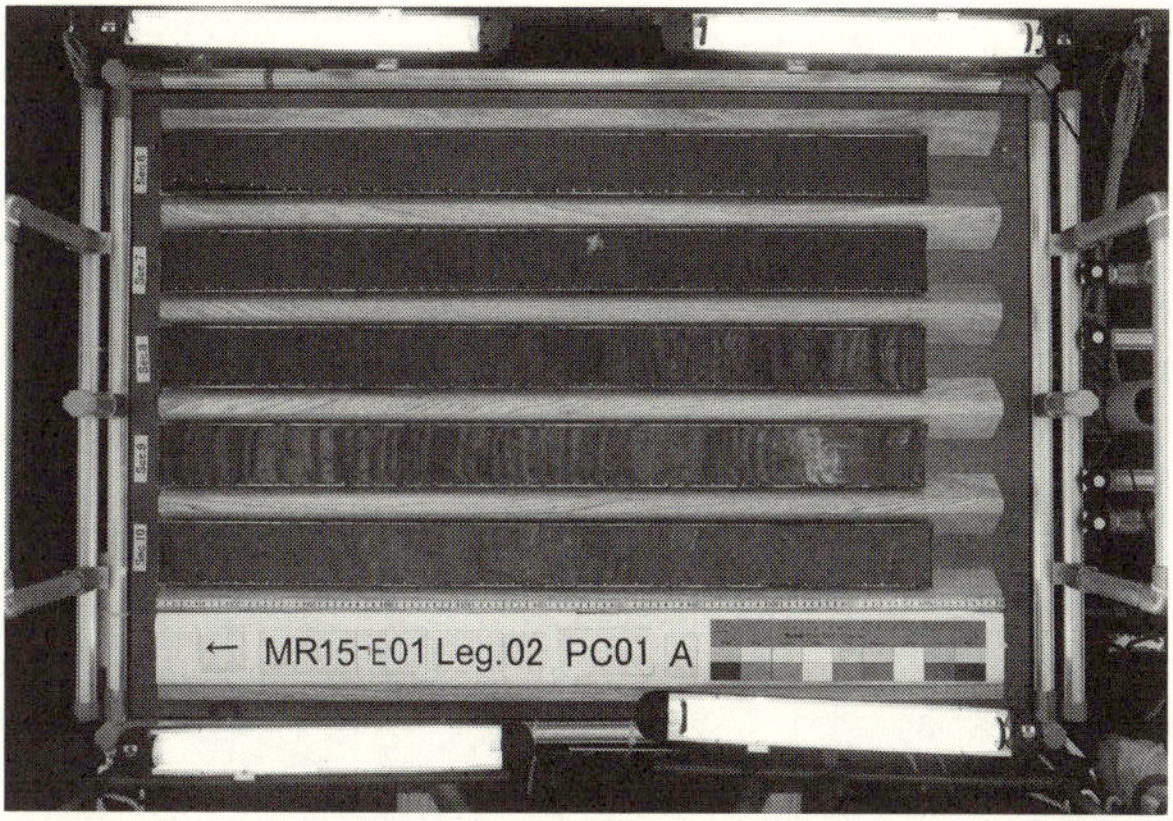

図3・2・12　南鳥島南方沖から採取されたレアアース泥のピストンコア試料

撮影者：町田嗣樹（千葉工業大学）©JAMSTEC

度を高めるには、余計な混ざり物が入らないことが重要です。海洋底堆積物は、陸源砕屑《さいせつ》物、火山性砕屑物、生物源成分、熱水性成分などの混合物です。たとえば大陸縁辺域では、陸上の砂や塵（風成塵）が舞い上がり海洋へ供給されます。このような陸源砕屑物はレアアース濃度が高くありません。また、海山玄武岩などを起源とする火山性砕屑物もレアアース濃度の高くない物質から構成されています。生物源成分は二酸化ケイ素を殻に持つ放散虫や炭酸カルシウムを殻に持つ有孔虫の遺骸などから構成されており、どちらもレアアース濃度は高くありません。カルシウム炭酸塩は、圧力が高くなるほど溶解度が上がる性質があり、ある深度で炭酸カルシウムが供給される速度と溶解する速度が釣り合います。この深度を炭酸塩補償深度（ＣＣ

D）とよびますが（3・1節参照）、炭酸塩補償深度よりも深くなるとレアアース濃度を希釈する炭酸カルシウムは溶解します。したがって、レアアース泥は大陸から遠く離れた遠洋域の水深5000mを超えるような深海底に分布します。

それではレアアース泥に高濃度で含まれるレアアースはどこから供給されるのでしょうか。レアアース泥の起源は中央海嶺の熱水活動により放出される鉄・マンガン酸化物コロイドです。この鉄・マンガン酸化物コロイドは海流に沿って時に数千kmもたなびき、その間に海水中のレアアースを吸着・濃集します。したがって、レアアースの起源は海水です。多くのレアアース泥では、堆積物内のレアアースが間隙水により生物源リン酸カルシウム（魚類の歯や骨片など）に移動・濃集することが最近解明されました。超高濃度レアアース泥を実体顕微鏡で観察すると、生物源の歯・骨片・鱗のような物が多数見いだされ、これらの生物源リン酸カルシウムには数％の総レアアースが含まれています。レアアース泥は、陸源砕屑物や生物源成分などの余計な希釈成分が少ない環境、すなわち堆積速度が極めて遅い環境で生成するので、レアアースを吸着する鉱物が長い間海水と接触することができ、海水中から高濃度にレアアースを濃集・吸着すると考えられます。

それでは、どれくらいの量のレアアースが存在するのでしょうか。2018年4月に公表された最新の結果に基づくと、南鳥島南方沖のレアアース濃度の高い海域のみ（約105km²）に限定しても、レアアース資源量は約１２０万トン（酸化物換算）に達し、最先端産業に必須のジスプロシウム、テルビウム、ユウロピウム、イットリウムは現在の世界消費量の57年分、32年分、47年分、62年分に相当します。したがって、マンガンクラスト、マンガンノジュールと同様に膨大なレアアース資源が深海底に分布することは間違いありません。レアアース泥はウランやトリウムなどの放射性元素濃度が低い、希酸（希硫酸・希塩酸）で簡単にレアアースを抽出できるなどの長所も備えていますが、水深が５０００ｍを超える大水深であり、さらに開発の際にはその海底下の層まで到達しないといけないことが欠点です。東京大学を中心として約30の民間企業が参加するレアアース泥開発推進コンソーシアムが２０１４年11月に発足しており、レアアース泥の商業開発に向けた研究・技術開発を精力的に進めています。

３・３　地球の危機と生物多様性とのかかわり

地球の危機への国際社会における認識

人類にとって地球環境を安全に利用できる範囲（プラネタリー・バウンダリー）を試算する

と、複数の要素ですでにその限界を超えています。この指摘をした論文が２００９年にNature（ネイチャー）に掲載され（Rockström et al. 2009, ロックストローム&クルム 2018）、大きな反響をよびました。この内容は２０１５年に国連で採択された持続可能な開発目標（SDGs）を起草するための基礎的な知見の一つになっています。論文では、気候変動、海洋酸性化、窒素循環など九つの要素について試算され、中でも「絶滅率に基づく生物多様性の損失」についての評価結果は、限界の10倍以上です。

生物多様性を総合的に扱う国際的な取り組みは、１９９２年の国連環境開発会議（通称：地球サミット）で採択された「生物多様性条約」（ＣＢＤ）からスタートしました。以降、生態系を保全すること、持続可能な開発を行うこと、グローバルな気候変動とその影響を緩和することを始め、いくつもの細かな国際的な目標が掲げられています。

こうした世界的な生物多様性の保全の動きについて書かれた関連書はいくつもあります。本書のテーマである「深海」について、何が重要な生態系で、そこにどんな危機があり、それをどう保全する必要があって、どのような施策が国や国際組織でなされているのでしょうか。まずは、生物多様性の保全の基本と意義を説明し、生物多様性条約における重要海域の「深海」についての事例を述べた後、近年の報告に基づき深海における危機とその要因についてお話しします。

そもそも生物多様性とは？

「生物多様性」とは、生物圏を構成する遺伝子・種・生態系（景観の構成要素）のそれぞれの階層において多様な要素が存在することにより、地域の景観全体が、持続的かつ安定的に維持されることを示す概念です。たとえば、種内に多様な遺伝子型があるほど、さまざまな環境に適応した個体がおり、その種が生き残る確率が上がります。ほかにも「生物多様性」には、生命誕生以来の進化の歴史が詰まっており、生態系の維持と評価のために重要な指標と考えられています。

ここで、生態系の維持と生物多様性との関係についてだけ少し説明します。生態系を構成する生物の間および生物と環境との間では、絶えず物質やエネルギーのやり取りが行われています。こうした生態系の内外のなんらかの働きかけを「生態系の機能」とよびます。たとえば、前述の環境変動に対する安定性のほかに、生物生産、水を貯《たくわ》えることなども機能の例です。

生物多様性が高い方がある程度までは、生態系の機能も高いという事例は多数あります。たとえば、ミネソタ大学のティルマン博士らは、干ばつの際に植物群落がその量を維持できるかどうかと種数とを関連づけ、「生物多様性」が生態系の安定性に貢献することを示しました（Tilman and Downing 1994）。また、生物多様性を維持すると、近代化された生産方式よりも、複数の機能を同時に発揮できるという点も、高く評価されています（日本学術会議　2001）。

「利用価値」	
直接利用	魚介類、石油・ガス・鉱物資源、ゴミの投棄、潜水艦の航路
間接利用	栄養塩循環、気候調整、炭素貯留、ゴミの減少
オプション価値	創薬や新物質の潜在性
「非利用価値」	
遺産価値	将来の世代へ深海環境を残すことの価値
存在価値	深海環境が存在することを知ることの価値

表3・3・1　深海で価値を評価できるものの例

Beaumont and Tinch（2003), UNEP WCMC（2007）を改変。

近年は「生態系の機能」から、人間に関係する部分を取り出し、「生態系サービス」、あるいは「自然がもたらすもの（仮訳）」とよばれています。これは、人類にとって主にプラスに働く「機能」を評価することで、生態系が生活の豊かさ（すなわち福利）に貢献していることを捉えようとするものです。具体的には食物や、水質浄化、防災、自然を活かしたレジャーなどがあります。深海の「生態系サービス」にかかる検討例はまれですが、表3・3・1に示す点について、価値が評価できると議論されています。

これらのサービスをひとまとめに評価するために金銭換算された例もあります。たとえば、世界自然保護基金（WWF）らが行った、世界の海洋生態系についての資産評価では、控えめにいって24兆ドルです（BCG 2015, Hoegh-Guldberg et al. 2015）。オーストラリア国立大学のコスタンザ（Costanza et al. 2014）は、１年あたりの海洋の生態系サービスは、１９９７年から15年間で60・５兆ドルから49・７兆ドルに減少したとしています。ただし、深海についての金銭評価の例が少ないことはもちろんですが、命の価値や、進化の歴史的な価値をはじめ、すべての要素を金銭価値に置き換えることは容易ではありません。また、流行や経済状況で金銭価値は絶えず変化します。

このように、「生物多様性」とそれを維持する生態系のしくみは、主として「生態系の持続性」と「人類への寄与」の二つの観点からその重要性が評価されています。特に、深海については、生態系の多くの部分が未知であるため評価が困難です。そのため、未知の危機を回避することを含めた予防的な観点から、生態系劣化を防ぐための指標としての「生物多様性」も評価されています。次項では、生物多様性をどのように評価し、保全すればよいのか、事例をもとに考えてみたいと思います。

「生態学的生物学的重要海域（ＥＢＳＡ）」による生物多様性評価のはじまり

海底を対象に広い範囲で生物多様性を評価した例として、「生態学的生物学的重要海域（ＥＢＳＡ：エブサ）」を選ぶことが近年行われました。「ＥＢＳＡ」とは生物多様性条約で使われる７

1a「固有種の分布海域」	各分類群の固有種(主に魚類)
1c「特異・希少な生態系」	化学合成生態系(湧水生物群集・熱水噴出孔生物群集)・海溝・海山
2「生活史における重要性」	データが不十分
3「絶滅危惧種」	データが不十分
4a「低回復性の種・生態系」	サメ類(アイザメ属及びネズミザメ)の生息地・冷水性サンゴ(八放サンゴ類)、海山
4b「脆弱性・感受性の高さ」	化学合成生態系
5b「生産性」	化学合成生態系
6「生物学的多様性」	データが不十分
7「自然性」	データが不十分もしくは多くの場所が該当
8b*「典型性・代表性」(*日本の重要海域のみで追加した基準)	海底谷

表3・3・2 「EBSA」の基準(1-7)と日本の重要海域で深海底に用いた指標 山北(2017)

つの基準に従って選定された重要海域です(表3・3・2)。世界全体では、生物多様性条約の事務局が、地域ごとに専門家の会議を開催して検討しました。日本の排他的経済水域については環境省が、東アジアと東南アジア全体については私たちが体系的に「EBSA」の抽出を行いました。このうち深海底の部分を中心に説明します。

そもそも生物多様性条約における生物多様性評

価の検討は、１９９５年、ＣＯＰ２（２回目の締約国会議）の、海洋保護区の現状を改善する必要性の指摘からスタートしました。当時は海洋保護区が海面全体の１％未満でした。以降、社会的な側面を含めた「海洋保護区」の検討と、その検討材料として必要な、生物多様性評価の科学的な取り組みとしての「重要海域」について議論がなされました。そして、２００８年のＣＯＰ９において、「ＥＢＳＡ」の七つの基準が採択されました（表３・３・２）。

ＣＯＰ９の次の会合であるＣＯＰ10は日本（名古屋市）で２０１０年に開催されました。その際、10年間の達成目標として「愛知ターゲット（２０２０年目標）」が採択されました。20の個別目標のなかでも11項目には、「重要な場所を特定してから、海の10％を保護区にしよう」という内容の数値目標が記載されています。この目標達成のための一つの取り組みとして、各地域で専門家を集めた「ＥＢＳＡ」地域ワークショップが開催されました。

深海底をＥＢＳＡの基準で評価してみる

東アジアの「ＥＢＳＡ」地域ワークショップに先立ち、日本では、専門家によって日本の重要海域を選定しました。そして沿岸、沖合表層、沖合海底（深海底）を対象として、その時点で得られている生物や地形、環境の分布データを用いて指標としました（表３・３・２）。深海底では、生活史、絶滅危惧種、多様性、自然性に関する情報が不十分でしたが、図３・３・１のよう

図3・3・1　日本の重要海域の深海底の部分

環境省自然環境計画課（2016）より一部データ引用。

に大陸棚から海溝にわたり日本の重要海域が選ばれました。

「ＥＢＳＡ」地域ワークショップでは、各国の専門家が重要海域として適切な場所とその評価を、根拠となる論文を挙げながら検討しました。しかし、深海底については沿岸や沖合表層のとりまとめ以上に、十分な科学的、定量的な情報を用いた検討ができず、定性的な情報や一般的な報告を参照せざるを得ない状況でした。今後、沖合海底（深海底）では、科学的・定量的に評価可能な情報を空間的に集積することが必要なのです。

こうして提案された重要海域は、あくまで「科学的な取り組み」であり、すぐにそのまま保護区にする義務はありません。しかし、国際的な取り組みの甲斐もあって、これまでの25年間で海全体で約14％も保護区が拡大されました。「ＥＢＳＡ」の検討結果をとりまとめたデータの公表が、保護区の設置や評価・管理の強化といった愛知目標の達成を促すと期待されています。

深海における生物多様性の現状と危機

ここまで、現状あるデータのみから、深海底での重要海域を選びましたが、これら重要な場所で、何についてどのような対策を取ればよいのでしょうか？

重要海域を保全するといったときには、厳しく立ち入りや利用を禁じる方法から、積極的に利用しながら管理する方法までさまざまなレベルがあります。現実の海域は気候変動なども含めて、想像以上に人間活動の影響を直接的、間接的に受けており、単なる立ち入り禁止で解決できない場合も多くあります。生態系変動メカニズムを解明し、影響しうる人間活動を改善する必要があるのです。

たとえば、生物多様性条約の科学的な助言機関である「生物多様性及び生態系サービスに関する政府間科学‐政策プラットフォーム（ＩＰＢＥＳ：イプベス）」では、アジア太平洋地域のアセスメントで深海の危機と変動要因として表3・3・3に示したものを挙げています。本書で

危機と変動要因
広域の気候変動（エルニーニョ、ラニーニャ、ダイポールモード現象、レジームシフト）
世界的な植物プランクトンの減少
クラゲの増加（エチゼンクラゲなど）
有害プランクトンの増加
陸からの有機物、人工的なゴミ・瓦礫
非持続的、過剰な漁業
プラスチックの増加
酸素の少ないゾーンの拡大
海底火山の活動の変化
海底資源・ガス掘削、炭素貯留、パイプラインやケーブル等の敷設
科学調査や生物探査による攪乱*
船や潜水艦の航行*

表3・3・3　IPBESのレビュー等による深海の危機と要因

Ibrahim et al. (2018)、UNEP-WCMC (2007)*より。

は、いくつかをトピック的に取り上げるにとどめますが、こうした危機と変動要因は、多岐かつ多様な生態系にわたっています。

単に保護区を設けるだけでなく、こうした危機と要因に実際に対応するにあたっては、原因が広範囲にわたる場合や、越境的な問題が多く、対処に多くの調整を要することが珍しくありません。ここでも、データと証拠に基づく議論と国際的な取り組みが重要です。

深海の生物多様性のデータを集めよう

先の国内外の「ＥＢＳＡ」の検討や「ＩＰＢＥＳ」の報告書でも、深海域のデータの不足が指摘されていました。また、今後は現状評価だけでなく、保全施策の効果や環境悪化の証拠を得るための時間変化の情報も必要です。そのために、深海の生物や環境のデータの収集は欠かせません。データ収集の技術的側面は、他書にゆずり（山北　２０１８など）、ここでは、生物多様性の状況をグローバルに把握できるデータベースを紹介します。

世界中の生物分布情報を収集するシステムとして、２０００年に海洋についての「海洋生物地理情報システム（ＯＢＩＳ）」が、２００１年に「地球規模生物多様性情報機構（ＧＢＩＦ）」が構築されました。これまで収集した情報は「ＯＢＩＳ」で5億７０００万件、「ＧＢＩＦ」は主に陸域を含む10億件（２０１８年8月1日現在）で、今もどんどん増加しています。こうした情報の提供は研究者の標本情報だけでなく、一般の愛好家による画像や観察記録も多くあります（大澤　２０１７）。他にも近年登場した環境省の生物情報収集提供システム「いきものログ」など、こうしたプラットフォームは広がり、互いに連携を深めています。

ただし、深海となると話は別です（図１・１・１）。毎回の深海探査機を用いた調査潜航による情報は一回一回が大変貴重です。そのため、海洋研究開発機構の深海研究などでは、映像データを公開していますが、そこからの生物の抽出記録は、映像のインデックス用の簡易的なもので、生物分布の検討には十分ではありません。

また、生物分布情報を収集するシステム自体の改善も必要です。これまでは、主に生物の出現記録のデータだけを収集していました。現在、新しいフォーマットになり生物の量や環境情報、不在情報も格納できます。今後こうした定量的な情報が収集され、より高精度の解析や、深海生態系の変動についての理解が進むと期待されます。

これらのしくみと同時に、現在欠けていることは、変動のモニタリングを行い、状況や要因を把握する観測体制です。深海へのアクセスは容易ではなくコストもかかることから、音響調査、遺伝情報、自動認識や自動観測を使った、広範囲を簡便に観測する技術革新のほかに、漁業や流通、他の調査等と同時に生態系の変動を観測できるようにするための協力関係も今後欠かせません。近い将来にこうした技術や協力関係が深海研究に活用され、深海の生物多様性の変化について、さらに理解が深まることが望まれています。

3・4　地震・津波が深海に運んだもの

三陸沖の漁場に運ばれた「がれき」

東北地方太平洋沖地震によって生じた巨大津波の引き波で、陸上にあった大量の物質が海に流入しました。環境省が２０１２年３月に公表した海への流出災害廃棄物（「がれき」）の総量推計によると（表３・４・１）、岩手県、宮城県、福島県から流出した「がれき」の総量は約４８０万トンです。全体の約７割にあたる３３０万トンは日本沿岸の海底に堆積し、残り約３割の１５０万トンが漂流「がれき」となりました。漂流「がれき」の一部は、８ヵ月から数年かけて北米大陸の太平洋岸に流れ着き、「がれき」とともに外来生物種の新たな移入経路になる可能性が指摘されました（Carlton et al. 2017）。

三陸沖は、世界三大漁場である北西太平洋海域の主要部を占める海域です。ここの漁業の復興は、地元産業の復興のみならず、食糧確保の視点からも重要な課題です。岩手県や宮城県沖の深

がれきの種類	漂流がれき（1000トン）	海底がれき（1000トン）	計（1000トン）
家屋等	1,336	2,783	4,119
自動車	-	313	313
海岸防災林から生じた流木	199	-	199
漁船を含む船舶	1	101	102
養殖施設	-	16	16
定置網	-	18	18
コンテナ	-	35	35
計	1,536	3,266	4,802

表3・4・1　環境省による東北地方太平洋沖地震によって海に流出した「がれき」の推計

http://www.env.go.jp/press/14948.htmlを一部改変。

海では、スケトウダラ、マダラ、スルメイカ、キチジ、カレイ類などの多種多様な魚介類を漁獲しています。漁業者からは、「津波で漁場に運ばれた『がれき』が網に入り網を壊してしまう」、「網に入った『がれき』で魚介類が傷つき商品価値がなくなる」といった問題が提示されました。そこで、私たちは岩手県と宮城県沖の「がれき」の分布状況を調べることにしました。

宮城県沖では、宮城県沖合底網漁業協同組合の漁業者が、底引き網を使い「がれき」の回収作業を行っています。その際に、「がれき」の種類、量、場所、日時を記録しており、そのデータを解析したところ、「がれき」回収の効果で2011年8月から2016年にかけ、漁場の「がれき」は減少しました（図３・４・１）。しかし、２０１７年は２０１６年より減っておらず、「がれき」をすべて回収する道のりは遠いことが示されました。実際、現場の漁業者からは、「一旦少なくなった場所でも『がれき』が増えたりしているので、『がれき』は移動しているのではないか？」という声もあがりました。

私たちは、岩手県沖において、無人探査機を用いて海底を直接観察しながら、「がれき」の分布実態を調査しました。岩手県沖には水深３００ｍあたりからはじまり、深海へと向かって東西に走る幾筋もの海底谷があります。「がれき」は、平坦部にくらべ３～14倍ほど多い量が、海底谷に集積していました。「がれき」の種類は、缶類、プラスチック類、木片類、漁具類など多種多様で、なかには車のバンパーもありました。一方で、「がれき」は生物の新たな生息場所になっていました。泥質の堆積物に覆われた海底には、環形動物や二枚貝といった埋在性《まいざいせい》の底生生物が優占するのが常ですが、そこに「がれき」が流入すると「がれき」を基質にした付着性の底生生物、たとえばウミシダ類、クモヒトデ類、イソギンチャク類などや、「がれき」を隠れ場所にしたヨコエビ類などの数が増えます。同じことはキチジやケガニといった水産資源生物にも認められ、「がれき」は新たな生物群集を形成し、生物量を増やしていることになります。一見すると「がれき」が生物を増やしているので、「がれき」は必ずしも負の効果だけではないようにも思えます。しかし所詮人為的な物質による自然の改変です。

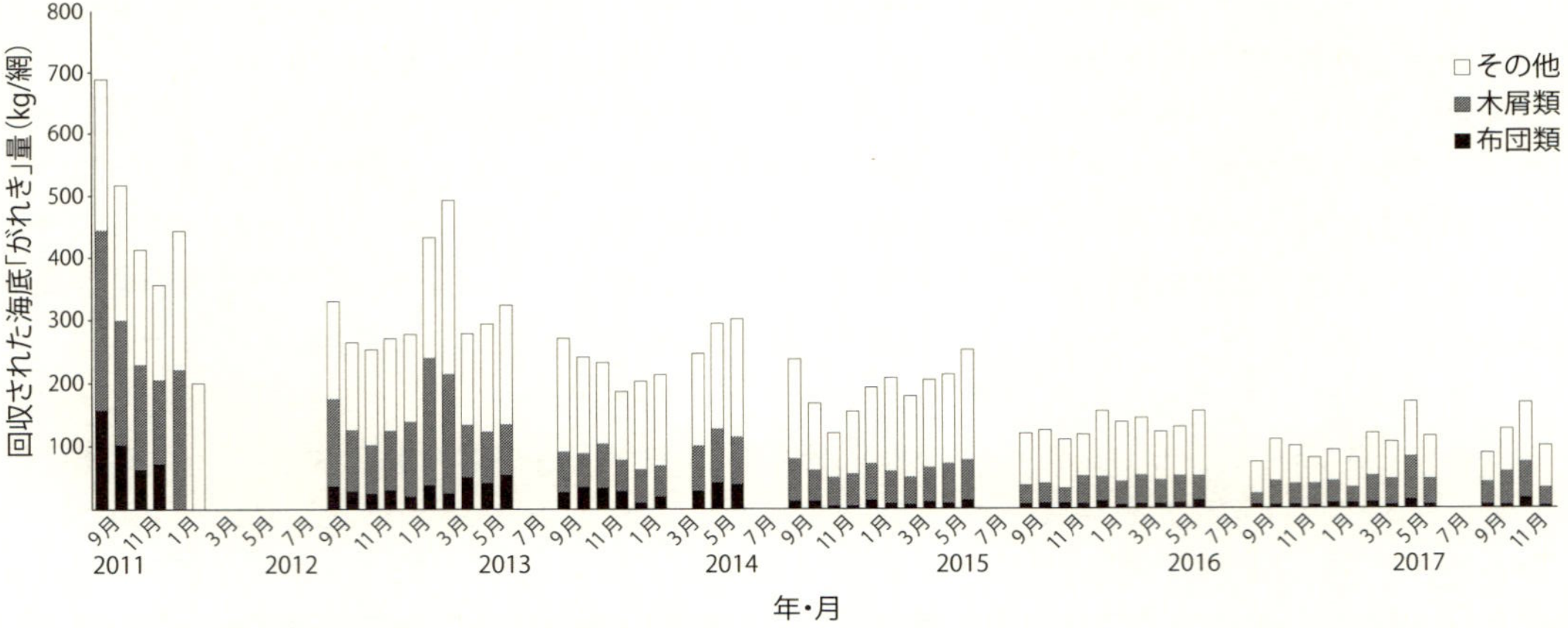

図3・4・1　宮城県沖の海底「がれき」密度の変化

宮城県の漁業者が回収した「がれき」量を各月ごとに一網当たりの平均重量（単位：kg/網）で示した。

藤原ほか（2018）を改変。

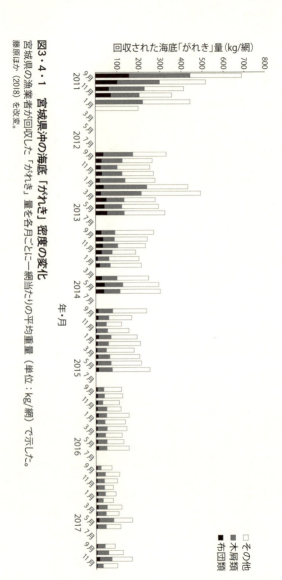

化学物質による汚染はあったのか？

巨大地震と津波は、陸域からさまざまな物質を海に運びました。懸念された問題の一つが、化学物質による生物や環境の汚染でした。たとえばＰＣＢ（Poly Chlorinated Biphenyl：ポリ塩化ビフェニル）による汚染です。実際の毒性物質はそれに含まれる、ダイオキシン様ＰＣＢ（Co-ＰＣＢ）やポリ塩化ジベンゾフラン（ＰＣＤＦ）などのダイオキシン類です。ＰＣＢは、トランスなど電気機器の絶縁体、熱交換器の熱媒体、ノンカーボン紙のインクなどさまざまな用途で利用されていましたが、１９６８年の「カネミ油症事件」をきっかけに、現在は製造・使用とともに禁止されています。かつて多量に出回ったＰＣＢは各地で処分を進めていたのですが、処分待ちで陸上に保管されていたＰＣＢ含有物が、巨大津波で海に流入しました。生物に取り込まれた化学物質は、食物連鎖の過程で栄養段階が上位にある生物ほど高濃度に蓄積されます。これを「生物濃縮」とよびます。ＰＣＢは、生物濃縮が顕著に表れる物質です。言い換えれば、生物に含まれるＰＣＢをモニターすることで、他の化学物質の蓄積程度も判断できます。食の安全性評価は、三陸漁業復興にもっとも重要です。日本では、遠洋沖合魚介類（可食部）の、残留ＰＣＢは暫定的に５００ng／gを規制値としています。

地震後、研究者は三陸沖の海洋生物や堆積物中のＰＣＢ濃度を計り続け、地震前の値と比較しました（図3・4・2）。生物については、アミノ酸に含まれる窒素の安定同位体比を測定し、食物連鎖における栄養段階を正確に計測しながらPCB濃度を求めました。三陸沖の深海漁場底層域で、高い栄養段階を示したのはイラコアナゴでした。これは「沖ハモ」という名前で流通しています。このイラコアナゴを含め三陸沖の海洋生物のPCB濃度は、暫定的規制値よりはるかに低い値となっており、食の安全性の観点から問題ないことがわかりました。むしろ、PCB濃度は、東北地方太平洋沖地震前より低くなった傾向が見られました。これは、国内におけるPCBの生産および使用の禁止が、着実に効果を表していることを示しているのかもしれません。PCBは泥質の海底堆積物に蓄積する傾向にあります。津波で堆積物が撹拌《かくはん》され、それまで蓄積されていたPCBが流れ去って薄まったため、PCB濃度が低くなっただけなのかもしれません。

日本は古来より海の水産生物に食糧を依存してきました。巨大地震と津波は、漁船・水産加工場・流通・漁具といった漁業の営みに甚大な被害を及ぼしました。さらに、海にさまざまな物質を大量に流出させ、環境を撹乱することも、大きな問題であることを私たちは認識を新たにしました。日本では、これからも巨大地震は起こります。そのときに、今回の経験や研究の結果が少しでも災害を軽減することや、復興を早めることに役立ってくれることを願っています。

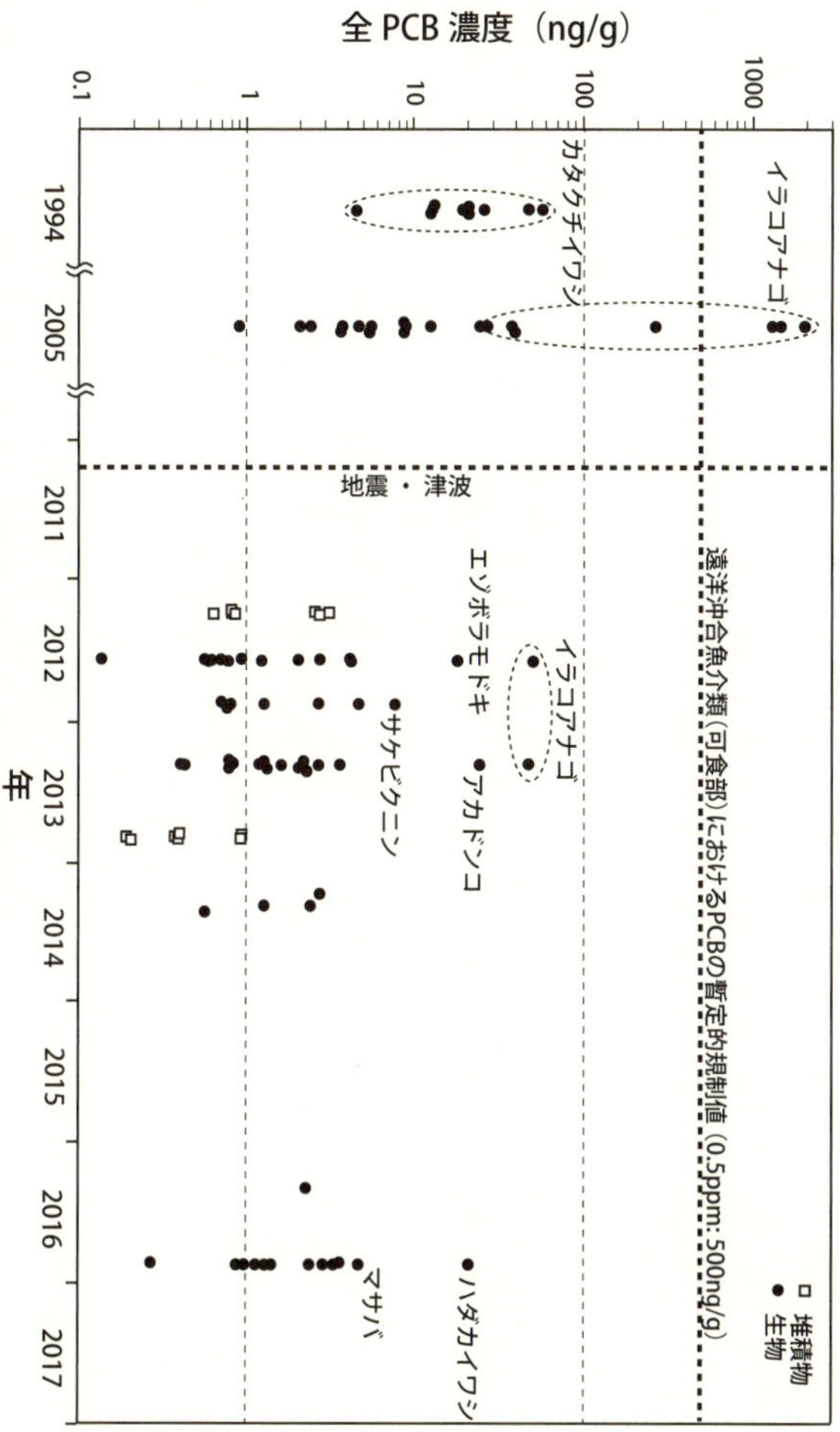

図3・4・2　三陸沖の海洋生物と堆積物に含まれるPCB濃度経年変化

1994年および2005年の値はTakahashi et al.（2000）、Takahashi et al.（2009）を引用。小川ほか（2018）を改変。

3・5　海のプラスチック問題

莫大な量のプラスチックが海へ

東北地方太平洋沖地震の津波は、大量の「がれき」を海に運びました。そのなかにはプラスチックも大量にありました。今、地球規模で海に流れ込むプラスチックによる環境や生物への影響に、大きな懸念が叫ばれています。世界のプラスチック総生産量は、１９６４年で１５００万トンでしたが、２０１４年には3億１１００万トンと、50年間で20倍以上に急増しています。生産されたプラスチックは再利用や焼却、土壌中に埋めて廃棄されたりしているのですが、それでも人間が管理できないプラスチックが、年間８００万トンも海に流出しています。世界経済フォーラム（ダボス会議）は、このまま海への流入が続くと、２０５０年には海のプラスチックの総重量は、海に生息する魚の総重量を超えるというセンセーショナルな予測をしました。

実際、クジラ、ウミガメ、海鳥といった生物が、レジ袋やプラスチック破片を誤飲したり、捨てられた漁具にからまって死亡したりする例が数多く確認されています。プラスチック類が海岸に打ち上げられたり、海に大量に漂ったりして景観を損ねることで、観光にも影響があります。さらに深刻な問題とされているのは、５㎜以下のマイクロプラスチックです。マイクロプラスチックは、化粧品や研磨材などに含まれる最初から小さいものと、環境中に流出した大型のプラスチックが、紫外線や波によってどんどん破砕され小さくなったものがあります。小さくなるほど数が増えることは容易に想像できます。

生物への影響

マイクロプラスチックは小さいので、さまざまな生物に取り込まれます。自然環境から採集した生物や、実験室での実験をもとに、少なくとも７００種の海洋生物がマイクロプラスチックを体内に取り込むことがわかっています。私たちが食べている魚介類も例外ではなく、人間も意識せずにマイクロプラスチックを食べていることになります。

プラスチックを食べたとしても、消化されずに排泄されてしまうだけなら大きな問題になりません。懸念される問題は、プラスチックに含まれる残留性有機物質による汚染があります(GESAMP 2015)。プラスチックには製造過程で有機臭素系難燃剤が添加されていたり、微細化する過程で海水中の残留性有機汚染物質（ＰＣＢなど）を吸着したりする性質があります。現在のマイクロプラスチックの量で、これら化学物質による生物への影響が及んでいるかは明確ではありません。しかし、将来、海のマイクロプラスチックが増大した場合、化学物質による生物や環境への悪影響が発生するのではないかと懸念されています。最近では劣化したプラスチックから、メタンやエチレンなどの強力な温室効果ガスが放出されることも指摘されています（Royer et al. 2018）。

全世界が動き出している

海洋プラスチック問題は、その重要性から2015年のG7エルマウサミットで取り上げられました。同年の国連サミットで採択された「持続可能な開発目標（SDGs）」の14番目の目標にも設定されています。そのなかの最初のアクションが、「2025年までに、海洋堆積物や富栄養化を含む、特に陸上活動による汚染など、あらゆる種類の海洋汚染を防止し、大幅に削減する」となっています。削減目標の中には、海洋プラスチック汚染への取り組みも明示されています。

このような世界的潮流を受け、各国は海洋プラスチックに関してさまざまな取り組みを行っています。欧州連合（EU）では、化粧品へのマイクロプラスチックの使用が禁止され、米国では、マイクロビーズが含まれた化粧品などの製品の販売を禁止、大手コーヒーチェーンのプラスチックストローは紙製ストローに変わりつつあります。日本でも、2016年から日本化粧品工業連合会が洗顔用のスクラブ化粧品でマイクロビーズを使用禁止とする動きがはじまり、201

８年に海ごみ対策の法律が改正され、事業者にマイクロプラスチックの使用の抑制に努めることが明記されました。

深海プラスチック研究

研究面では、全海洋におけるプラスチック分布量の推定やその将来予測、プラスチックの生物への影響評価についての研究が加速しています。プラスチック分布量を評価する上で、大きな課題が二つあります。

一つ目の課題は、深海や外洋の水柱や海底のプラスチック量データがほとんどないことです。最大の理由は、外洋や深海の調査には大型の研究船が必要で、容易に調査ができないためです。少しずつですが深海のプラスチック研究は進み始め、水深３００〜３５００ｍの堆積物からマイクロプラスチックが見つかり始めています（Woodall et al. 2018）。さらに、マリアナ海溝の世界最深部付近の水深７８４１〜１万２５０ｍに生息するカイコウオオソコエビ、ケルマディック海溝の水深７２２７〜１万ｍに生息する２種のヨコエビから、ＰＣＢやプラスチックの添加剤として使われるポリ臭化ジフェニルエーテルが高濃度で検出され、ＰＣＢ濃度は、中国でもっとも汚染された河川に棲む甲殻類よりも、なんと50倍も高い濃度となっています (Jamieson et al. 2017)。

海に流入したプラスチックは、最終的には深海底に堆積するはずです。谷状の凹地となっている海溝は、プラスチックの最終集積地でもあり、その量は莫大かもしれません。

日本では、1980年代から、海洋研究開発機構が潜水調査船や無人探査機を使って深海底の映像を集積しています。最近、それらの映像から海底に落ちているゴミ類を識別し、深海デブリデータベースとして公開したところ（Chiba et al. 2018, http://www.godac.jamstec.go.jp/catalog/dsdebris/j/）、日本のみならず世界各国のメディアや研究機関から多数の問い合わせがありました。このデータベースは映像で捉えられる比較的大きなゴミ（プラスチックも含む）を対象にしているので（口絵3・5・1）、マイクロプラスチックは含まれません。世界的に見ても、深海や外洋の水柱にあるマイクロプラスチックのデータは極めて希薄で、いち早い現状把握のため、そのデータ集積は待ったなしの状況にあります。

二つ目の課題は、マイクロプラスチックの検出に手間がかかることです。現在使われている主な方法は、顕微鏡下で人間がプラスチックらしき粒子を拾い出し、拾い集めた粒子をフーリエ変換赤外分光光度計（FTIR）やラマン分光光度計を用いて観察し、プラスチックの種類や大きさを計測するものです。この方法では、粒子を拾い出す際の不確実性が問題となり、国際的には人の手で拾い出す方法は避けるよう勧告されています。また、FTIRやラマン分光光度計による分析は時間がかかります。たとえば１㎜のマイクロプラスチックを１００個分析するのに数時間以上かかります。ですので、人による拾い出しのバイアスがかからず、短時間でマイクロプラスチックの種類やサイズや個数を計測できる自動計測技術の開発が求められています。

プラスチックによる海洋生物への影響は少しずつですが把握されつつあります。しかし、その影響が深刻な状況にあるのかは明確ではありません。ましてや、深海域の情報はほとんどありません。人類は、食糧を含め多くの生態系サービスを海から受けています。今後研究が進み、海洋生物への影響、そして人類への影響が大きいとわかったときには、すでに遅すぎることになっているかもしれません。なぜなら、この広大な海、特に深海から、一旦拡散してしまったマイクロプラスチックを回収することは不可能だからです。

おわりに

深海は「最後のフロンティア」ともよばれています。世界最深の水深約1万900mまで到達した人類は、これまでに3人しかいませんし、人類がこれまで直接目にした深海は、海底や水中を含めても、全体の1%にも満たないかもしれません。しかし、わずかな場所しか調査していないにもかかわらず、私たちの深海の知識は着実に増加し、その重要性がますます明らかになってきました。本書をご覧いただいたあと、地球・環境・生命の理解、そして人類の持続的繁栄のために、深海を知ることが大切だということがおわかりいただけたと思います。深海をもっと調べることで、これまでわからなかった、そして気づかなかった自然の姿やしくみを見いだせるでしょう。私たちは、「なぜ深海の研究をするの?」と問いかけられます。また、「深海を研究する科学者になりたい」ともいわれます。本書が前者の問いに対する答え、そして、これから深海研究を目指す方の一助となれば、これほど喜ばしいことはありません。

本書をまとめたことで、私たちも思いを新たにしたことがありました。たとえば、潜水調査船「しんかい6500」で深海に潜航すると、深海魚と目が合うことがあります。深海魚は、まるで「お前たち、何しにここまで来たんだ?」と問いかけているように感じます。これまでは、「あなたたちのことが知りたくてやってきたんだ」と返事していました。これからは、「私たちのこれまでの行いであなたたちに迷惑をかけてきました。ですが、あなたたちのことをよく知って、あなたたちがこれからものびのびと生きられるようにします。そうしないと、私たち人類も困るので」と答えようと思います。

深海の調査研究は、日本のみならず世界が一丸となって、これからも進められます。そして、新たな発見や驚きが生み出されるでしょう。深海は「最後のフロンティア」ではなく、最前線の知見を得る「フロンティア」に進化しています。私たちにとって、本書のような書籍や展示会などを通じ、その研究の発展を皆さんに知っていただけることは大きな喜びです。そう思えば、船酔いにも耐えられます（笑）。

本書をまとめるにあたって、多くの方々にお世話になりました。海洋研究開発機構の野中裕子さんをはじめ多くの皆様に、原稿の管理や作図など強力なサポートをいただきました。本書で書かれた内容は、むろん、国内外の科学者や技術者、そして調査船の乗組員の皆さんなど、多くの方々の協力の下に得られたものです。本書の企画をいただいてから約2年の間、なかなか筆が進まない私たちに対し、激励しながらそして粘り強くお付き合いいただいた講談社学芸部の須藤寿美子さんにはお詫びしつつ、心より感謝いたします。おわりにあたり、有形無形で本書に関わっていただいた皆様、この場をかりて心よりお礼を申し上げます。

2019年5月吉日

藤倉克則
木村純一

執筆者一覧

序章
藤倉克則【海洋研究開発機構上席研究員】
木村純一【海洋研究開発機構上席技術研究員】

第1章

1・1
藤倉克則

1・2
1・3
吉田尊雄
【よしだ・たかお／海洋研究開発機構主任技術研究員。東京都出身。埼玉大学大学院理工学研究科・博士（工学）。専門は生化学・分子生物学】

1・4
渋谷岳造
【しぶや・たかぞう／海洋研究開発機構主任研究員。神奈川県出身。東京工業大学理工学研究科・博士（理学）。専門はアストロバイオロジー】

1・5 諸野祐樹
【もろの・ゆうき／海洋研究開発機構主任研究員。東京都出身。東京工業大学大学院理工学研究科・博士（工学）。専門は地球微生物学】

第2章 2・1
2・2
2・3 富士原敏也
【ふじわら・としや／海洋研究開発機構主任技術研究員。千葉県出身。東京大学大学院理学系研究科・博士（理学）。専門は海洋底地球物理学】

2・3
2・4
2・5 江口暢久
【えぐち・のぶひさ／海洋研究開発機構技術統括。京都府出身。東京大学大学院理学系研究科・博士（理学）。専門は古海洋学・海洋地質学】

第3章 3・1 木元克典
【きもと・かつのり／海洋研究開発機構主任技術研究員。鹿児島県出身。東京大学大学院理学系研究科・博士（理学）。専門は微古生物学・海洋生物学】

3・2 野崎達生【のざき・たつお／海洋研究開発機構研究員。新潟県出身。東京大学大学院工学系研究科・博士（工学）。専門は地球化学・鉱床学】

3・2 高谷雄太郎【たかや・ゆうたろう／早稲田大学理工学術院・講師。福岡県出身。東京大学大学院工学系研究科・博士（工学）。専門は地球・資源システム工学】

3・3 山北剛久【やまきた・たけひさ／海洋研究開発機構研究員。千葉県出身。千葉大学大学院理学研究科・博士（理学）。専門は海洋空間生態学】

3・4
3・5 藤倉克則

Nature and Science Monographs No 39, pp. 737-755.

3-5

・Chiba, S. et al. (2018) *Mar. Policy*, https://doi.org/10.1016/j.marpol.2018.03.022
・GESAMP (2015) (Kershaw, P. J., ed.). IMO/FAO/UNESCO-IOC/UNIDO/WMO/IAEA/UN/UNEP/UNDP Joint Group of Experts on the Scientific Aspects of Marine Environmental Protection. Rep. Stud. GESAMP No. 90.
・Jamieson, A. J. et al. (2017) *Nat. Ecol. Evol.*, https://doi.org/10.1038/s41559-016-0051.
・Royer, S.-J., et al. (2018) *Plos One*, https://doi.org/10.1371/journal.pone.0200574
・Woodall, L. C. et al. (2014) *Royal Soc. Open Sci.*, http://dx.doi.org/10.1098/rsos.140317

WWF International, Gland, Switzerland., Geneva, 21 pp.
・Beaumont, N.J. and Tinch, R.（2003）CSERGE Working Paper, ECM 03-14.
・Costanza, R. et al.（2014）*Global Environmental Change*, 26, 152-158.
・Hoegh-Guldberg, O. et al.（2015）Reviving the Ocean Economy: the case for action —2015. WWF International, Gland, Switzerland., Geneva.
・Ibrahim, F.-H. et al.（2018）IPBES Regional Assessment for Asia and the Pacific. pp. 220-291.
・Rockström, J. et al.（2009）*Nature*, 461, 472-475.
・Tilman, D. and Downing, J. A.（1994）*Nature*, 367, 363-365.
・UNEP（2007）UNEP-WCMC Biodiversity Series No 28.
・大澤剛士（2017）保全生態学研究, 22, 41-53.
・環境省自然環境計画課（2016）生物多様性の観点から重要度の高い海域 http://www.env.go.jp/nature/biodic/kaiyo-hozen/kaiiki/index.html
・日本学術会議（2001）地球環境・人間生活にかかわる農業及び森林の多面的な機能の評価について（答申）http://www.scj.go.jp/ja/info/kohyo/pdf/shimon-18-1./pdf.
・J.ロックストローム，M.クルム（2018）小さな地球の大きな世界—プラネタリー・バウンダリーと持続可能な開発. 丸善出版.
・山北剛久（2017）農村計画学会誌, 36, 25-28.
・山北剛久（2018）e種生物学研究, 2, http://www.speciesbiology.org/eShuseibutsu/evol2/front.html

3-4

・Carlton, J. T. et al.（2017）*Science*, 357, 1402-1406.
・藤原義弘ほか（2018）日本水産学会誌, 84, 885-888.
・小川奈々子ほか（2018）日本水産学会誌, 84, 897-900.
・Takahashi, S. et al.（2000）*Environ. Sci. Technol.* 34, 5129-5136.
・Takahashi, S. et al.（2009）In: Fujita, T.（ed）Deep-sea Fauna and Pollutants off Pacific Coast of Northern Japan. National Museum of

j.epsl.2015.08.002
・Müller, R.D. et al.（2008）*Geochem Geophys Geosyst*, 9, Q04006, doi:10.1029/2007GC001743

2-2

・Miura, S. et al.（2005）*Tectonophysics*, 407, 165-188, doi:10.1016/j.tecto.2005.08.001

2-3

・Kido, M. et al.（2011）*Geophys. Res. Lett.*, 38, L24303.
・Kodaira, S. et al.（2012）*Nat Geosci.*, 5, 646-650.
・Maeda et al.（2011）*Earth Planets and Space*, 63, 803-808.
・Sato, M. et al.（2011）*Science*, 332, 1395.
・Yagi, Y. and Fukahata, Y.（2011）*Geophys. Res. Lett.*, 38, L19307.

第3章

3-2

・Hannington, M.D., de Ronde, C.E.J. and Petersen, S.（2005）*Econ. Geol.*, 100, 111-141.
・Krauskopf, K.B.（1979）Introduction to Geochemistry. McGraw-Hill, Tokyo.
・Kvenvolden, K.A.（1988）*Chem. Geol.*, 71, 41-51.
・メタンハイドレート資源開発研究コンソーシアム（2009）日本周辺海域におけるメタンハイドレート起源BSR分布図. http://www.mh21japan.gr.jp/pdf/BSR_2009.pdf.
・Roy, S.（2006）*Earth Sci. Rev.*, 77, 273-305.
・臼井朗・飯笹幸吉・棚橋学（1994）日本周辺海域鉱物資源分布図, 1：700万.

3-3

・BCG（2015）Reviving the Ocean Economy: the case for action - 2015.

参考文献

第1章

1-1

・Merrett, N. R. and Haedrich, R. L.（1997）Deep-sea demersal fish and fisheries. Chapman & Hall, London.

・Nielsen, J. G.（1977）*Galathea Report*, 14, 41-48.

・Nunoura, T. et al.（2015）*PNAS*, 112, E1230-E1236.

1-5

・Aoike, K.（2007）CK06-06 D/V Chikyu Shakedown Cruise Offshore Shimokita, Laboratory Operation Report. 40-43.

・Cragg, B.A., et al.（1990）In: Suess, E., et al., *Proc. ODP, Sci. Results.*

・Jørgensen, B.B. and Boetius, A.（2007）*Nat. Rev. Microbiol.*, 5, 770-781.

・D'Hondt, S., et al.（2015）*Nat Geosci.*, 8, 299-304.

・Morono, Y. and Inagaki, F.（2016）*Adv. Appl. Microbiol.*, 95, 149-178.

・Morita, R.Y. and ZoBell, C.E.（1955）*Deep Sea Res.*, 3, 66-73.1953

・Orsi, W.D.（2018）*Nat. Rev. Microbiol.*, 16, 671-683.

・Parkes, R.J., et al.（1990）*Philos. Trans. R. Soc.Lond.*, 331, 139-153.

・Parkes, R.J., et al.（1994）*Nature*, 371, 410-413.

・Parkes, R.J., et al.（2000）*Hydrogeol. J.*, 8, 11-28.

・Zobell, C.E.（1946）Marine Microbiology. A Monograpm on Hydrobacteriology.

第2章

2-1

・Amante, C. and Eakins, B.W.（2009）ETOPO1 1 Arc-Minute Global Relief Model http://www.ngdc.noaa.gov/mgg/global/global.html

・Bird, P.（2003）*Geochem. Geophys. Geosyst.*, 4, 1027, doi:10.1029/2001GC000252

・Dyment, J., et al.（2015）*Earth Planet Sci Lett*, 430, 54-65, doi:10.1016/

【ま行】

【や行】

【ら行】

【わ行】

【な行】

【は行】

【た行】

【さ行】

さくいん

【アルファベット】

【あ行】

【か行】

N.D.C.460.450　286p　18cm

ブルーバックス　B-2095

深海《しんかい》——極限《きょくげん》の世界《せかい》
生命と地球の謎に迫る

2019年5月20日　第1刷発行

編著者　藤倉克則《ふじくらかつのり》・木村純一《きむらじゅんいち》
協力　海洋研究開発機構《かいようけんきゅうかいはつきこう》
発行者　渡瀬昌彦
発行所　株式会社講談社
〒112-8001　東京都文京区音羽2-12-21
電話　出版　03-5395-3524
販売　03-5395-4415
業務　03-5395-3615
印刷所　（本文印刷）株式会社新藤慶昌堂
（カバー表紙印刷）信毎書籍印刷株式会社
製本所　株式会社国宝社

定価はカバーに表示してあります。

ISBN978－4－06－516042－8

発刊のことば

科学をあなたのポケットに

二十世紀最大の特色は、それが科学時代であるということです。科学は日に日に進歩を続け、止まるところを知りません。ひと昔前の夢物語もどんどん現実化しており、今やわれわれの生活のすべてが、科学によってゆり動かされているといっても過言ではないでしょう。

そのような背景を考えれば、学者や学生はもちろん、産業人も、セールスマンも、ジャーナリストも、家庭の主婦も、みんなが科学を知らなければ、時代の流れに逆らうことになるでしょう。

ブルーバックス発刊の意義と必然性はそこにあります。このシリーズは、読む人に科学的に物を考える習慣と、科学的に物を見る目を養っていただくことを最大の目標にしています。そのためには、単に原理や法則の解説に終始するのではなくて、政治や経済など、社会科学や人文科学にも関連させて、広い視野から問題を追究していきます。科学はむずかしいという先入観を改める表現と構成、それも類書にないブルーバックスの特色であると信じます。

一九六三年九月

野間省一